结构精修在分析晶体中的应用

谷亦杰　郭珊珊　李新沛　敖冬威 等 著

科学出版社

北京

内 容 简 介

Fullprof 是一种用于晶体结构分析和精修的软件工具，被广泛应用于材料科学和固体物理领域。它能够拟合实验数据和理论模型，从而确定晶体结构的精确参数。在晶体分析中，Fullprof 的应用对于研究工作具有重要意义。它可以帮助研究人员确定晶体结构的空间群和晶胞参数，提供准确的晶胞参数和晶体结构信息，从而帮助研究人员理解晶体的结构和性质。此外，它还可以用于精修晶体结构，通过最小二乘法优化晶体结构的参数，提高结构的精度和准确性，为后续的研究工作奠定基础。它在晶体分析中的应用对于推动材料科学和固体物理领域的发展至关重要，对从事晶体分析和材料研究的科研人员来说具有重要意义。

本书适合材料科学、晶体结构分析的高校师生和相关领域的专业人员阅读参考。

图书在版编目(CIP)数据

结构精修在分析晶体中的应用/谷亦杰等著. -- 北京：科学出版社，2024. 8. -- ISBN 978-7-03-079350-8

I. O76-39

中国国家版本馆 CIP 数据核字第 2024KF8762 号

责任编辑：霍志国　/责任校对：杜子昂
责任印制：徐晓晨　/封面设计：东方人华

科学出版社 出版
北京东黄城根北街 16 号
邮政编码：100717
http://www.sciencep.com

三河市骏杰印刷有限公司印刷
科学出版社发行　各地新华书店经销

*

2024 年 8 月第 一 版　开本：720×1000　1/16
2024 年 8 月第一次印刷　印张：9 1/4
字数：186 000
定价：98.00 元
(如有印装质量问题，我社负责调换)

前　言

在材料科学和固体物理领域，晶体结构分析是一项至关重要的研究工作。通过了解材料的晶体结构，可以揭示其性质和行为，为新材料的设计和制备提供重要依据。在晶体结构分析领域，Fullprof是一款被广泛使用的软件工具，在精修晶体结构方面发挥着重要作用。它是一种用于晶体结构分析和精修的软件工具，通过实验数据和理论模型的拟合，帮助科研人员确定晶体结构的准确参数。它可以帮助确定晶体的空间群和晶胞参数，揭示晶体的结构特征和几何形状。此外，它还可以用于精修晶体结构，优化晶体结构的参数。它还可以帮助分析晶体中的位错和缺陷，识别晶体中的缺陷类型，帮助了解晶体的完整性和稳定性，提供准确的晶体结构信息，推动材料科学和固体物理领域的发展。因此，熟练掌握它的使用方法对于从事晶体分析和材料研究的科研人员来说是至关重要的。本书由潍坊学院和天科新能源有限责任公司谷亦杰、郭珊珊、李新沛、敖冬威、神祥博、战强、马东宝、付曦、林近山、郭金泉、王辉、孙先富和宗哲所著。

著　者

2024 年 7 月

目 录

前言

第1章 晶体结构分析基础 ············· 1
  1.1 晶体分析的重要性和应用领域 ············· 2
  1.2 作用 ············· 4

第2章 概述 ············· 7
  2.1 背景和发展历程 ············· 8
  2.2 主要功能和特点 ············· 10
  2.3 优势和局限性 ············· 12

第3章 基本功能 ············· 15
  3.1 功能 ············· 16
  3.2 用户界面 ············· 17
    3.2.1 菜单功能 ············· 18
    3.2.2 工具栏 ············· 26

第4章 应用 ············· 61
  4.1 将CIF文件转换为PCR控制文件 ············· 62
  4.2 粉末衍射图索引 ············· 75
  4.3 磷酸铁锂晶体的结构精修 ············· 89
  4.4 钛酸锂定量分析 ············· 112
  4.5 纳米晶体分析 ············· 130

第 5 章　发展趋势和挑战 ·················· 137
5.1　发展趋势 ························· 138
5.2　未来可能面临的技术挑战和解决方案 ············ 139
5.3　应用前景 ························· 140

参考文献 ··························· 141

第1章 晶体结构分析基础

1.1　晶体分析的重要性和应用领域

晶体作为自然界中广泛存在的一种物质形态，具有独特的有序性和周期性。晶体分析作为研究晶体结构、性质及其变化规律的重要手段，在现代科学研究中占据着举足轻重的地位。

晶体分析是揭示物质微观结构的关键手段。通过晶体分析，科学家们可以深入研究物质的原子、分子在晶体中的排列方式、键合状态等微观信息。这些信息对于理解物质的性质、性能以及功能至关重要。例如，在材料科学中，晶体分析可以帮助研究者了解材料的微观结构，从而预测其宏观性能，为新型材料的研发提供理论支持。晶体分析在推动科学研究深入方面发挥着重要作用。随着科学技术的不断发展，人们对物质世界的认识越来越深入，对物质性质的研究也越来越精细。晶体分析作为一种高精度的实验技术，可以为科学家们提供精确、可靠的实验数据，帮助他们揭示物质世界的奥秘。同时，晶体分析技术的发展也推动了相关学科的交叉融合，促进了科学研究的深入发展。晶体分析在工业生产和应用中具有重要的应用价值。在工业生产中，晶体分析可以用于材料的质量控制、性能优化以及新产品开发等方面。通过分析材料的晶体结构，可以了解材料的组成、相变过程等信息，为材料的合成、加工和应用提供有价值的信息。此外，晶体分析还可以用于药物研发、生物技术等领域，为这些领域的发展提供有力的支持。

在物理学领域，晶体分析被广泛应用于研究晶体的能带结构、光学性质、磁学性质等方面。通过对晶体结构的分析，可以揭示出晶体中电子、光子等粒子的输运性质以及它们之间的相互作用。这些研究对于理解晶体的物理性质、开发新型物理器件具有重要意义。例如，在半导体工业中，晶体分析技术被用于研究半导体材料的晶体结构、能带结构等性质，为半导体器件的设计和制造提供了重要支持。在化学领域，晶体分析主要用于研究化合物的结构、性质和反应机理等方面。通过测量化合物的晶体结构，可以了解化合物的原子排列方式、键长、键角等信息，为化合物的合成、反应活性以及性质的研究提供有价值的信息。此外，晶体分析还可以用于研究化合物的相变过程、晶体缺陷等问题，为化学领域的深入研究提供支持。材料科学是晶体分析技术的重要应用领域之一。在材料科学中，晶体分析被广泛应用于材料的合成、加工、性能优化以及新材料研发等方面。通过对材料的晶体结构进行分析，可以了解材料的组成、相变过程等信息，为材料的合成和加工提供指导。同时，晶体分析还可以用于预测材料的性能，为新型材料的研发提供理论支持。例如，在纳米材料领域，晶体分析技术被用于研究纳米材料的晶体结构、表面性质等问题，为纳米材料的合成和应用提供支持。在生物学领域，晶体分析主要用于研究生物大分子（如蛋白质和核酸）的结构和功能。通过测量生物大分子的晶体结构，可以揭示出生物大分子之间的相互作用以及它们的功能机制。这些研究对于理解生命过程、揭示疾病机制以及开发新型药物具有重要意义。例如，在药物研发中，晶体分析技术被用于研究药物与靶标蛋白之间的相互作用机制。

晶体分析在现代科学研究中具有重要的地位和作用。它不仅可以揭示物质的微观结构、推动科学研究的深入发展，还可以促进工业生产和应用的发展。随着科学技术的不断进步和晶体分析技术的不断完善，相信晶体分析将在更多领域发挥重要作用。

1.2 作　　用

随着现代科技的快速发展，特别是在材料科学和固体物理学领域，晶体结构的研究和解析已成为不可或缺的重要工作。Fullprof 软件作为一款广泛应用于粉末衍射数据处理和分析的软件，为晶体结构的精修提供了强有力的工具。

Fullprof 软件是一款功能强大的粉末衍射数据处理软件，主要用于分析和解释晶体结构。该软件支持多种衍射数据文件格式，如 CIF、RAW、XDR 等，这些文件包含了晶体结构和原子坐标的信息，可以利用这些信息来进行结构重构和优化。它的主要功能包括衍射数据的读取、指标化、寻峰、背景扣除、结构精修等。用户可以通过友好的图形用户界面（graphical user interface，GUI）轻松完成这些操作。同时，Fullprof 软件还提供了丰富的选项和参数设置，以满足不同用户的需求。在进行晶体结构精修之前，通常需要对衍射数据进行预处理。它提供了强大的数据预处理功能，包括数据的读取、指标化、寻峰和背景扣除等。通过这些操作，用户可以获得更加准确和可靠的衍射数据，为后续的结构精修工作打下坚实的基础。结构精修是它的核心功能之一。在结构精修过程中，它会根据程序中的晶体结构和原子坐标信息，通过不断调整和优化参数，使计算得到的衍射数据与实验数据之间的匹配度达到最优。这些参数包括晶胞参数、原子坐标、占位率、温度因子等。通过结构精修，用户可以获得更加准确和可靠的晶体结构信息，为后续的研究工作提供有力的支持。

除了基本的结构精修功能外，Fullprof 软件还提供了结构优化功能。该功能可以自动调整和优化晶体结构中的原子坐标和占位率等参数，以进一步提高计算数据与实验数据之间的匹配度。结构优化功能可以大大节省用户的时间和精力，提高研究效率。Fullprof 软件还提供了丰富的数据分析和可视化工具。用户可以通过这些工具对精修后的晶体结构进行进一步的分析和解读。例如，用户可以使用它生成晶体结构的可视化模型，以便更加直观地了解晶体结构的特征和性质。此外，还可以生成各种图表和报告，方便用户进行数据分析和展示。它支持多种衍射数据文件格式，并且提供了丰富的选项和参数设置，以满足不同用户的需求。它具有友好的图形用户界面（GUI），用户可以轻松完成各种操作。Fullprof 软件经过长期的发展和优化，已经成为晶体结构精修领域的知名品牌，其可靠性和准确性得到了广泛的认可。它支持多种晶体结构模型和精修方法，用户可以根据自己的需求选择合适的模型和方法。

Fullprof 软件作为一款广泛应用于粉末衍射数据处理和分析的软件，在晶体结构精修中发挥着重要的作用。通过它的功能和特点的介绍，可以看到该软件在数据预处理、结构精修、结构优化以及数据分析和可视化等方面都具有显著的优势。因此，对于从事晶体结构研究的人员来说，掌握它的使用方法和技巧是非常必要的。同时，期待 Fullprof 软件在未来的发展中能够不断完善和优化，为晶体结构的研究提供更加可靠和高效的支持。

第 2 章 概 述

2.1　背景和发展历程

在材料科学和固体物理领域,晶体结构的研究一直占据着举足轻重的地位。为了更深入地理解和解析晶体结构,科研人员需要借助各种工具和方法。Fullprof软件作为一款广泛应用于粉末衍射数据处理和分析的软件,自诞生以来就以其强大的功能和用户友好的界面赢得了广大科研人员的青睐。

晶体结构是材料科学和固体物理研究的核心内容之一。通过解析晶体结构,科研人员可以深入了解材料的物理和化学性质,进而指导新材料的合成和改性。粉末衍射技术是解析晶体结构的重要手段之一,它可以提供晶体结构的详细信息,包括晶胞参数、原子坐标、占位率等。然而,粉末衍射数据的处理和分析往往是一项烦琐而复杂的工作,需要借助专门的软件来完成。在这样的背景下,Fullprof软件应运而生。它最初是由法国科学家开发的一款粉末衍射数据处理软件,旨在帮助科研人员更方便地处理和分析粉末衍射数据,提高晶体结构解析的效率和准确性。它的诞生为晶体结构研究提供了一种新的工具和方法,极大地推动了该领域的发展。在它的初步发展阶段,开发人员主要致力于实现软件的基本功能和界面设计。他们通过深入研究粉末衍射数据的处理和分析方法,逐步实现了数据的读取、指标化、寻峰、背景扣除等基本功能。同时,他们还设计了简洁明了的图形用户界面(GUI),使用户可以轻松地完成各种操作。在这一阶段,Fullprof软件已经初步具备了一定的实用性和可靠性，开始得到一些科研人员的认可和使用。

随着 Fullprof 软件的广泛应用和不断发展，开发人员开始关注软件的功能扩展和优化。他们根据用户的需求和反馈，不断添加新的功能和选项，以满足不同领域的研究需求。例如，他们增加了结构精修功能，允许用户根据 REF 文件中的晶体结构和原子坐标信息对衍射数据进行优化处理；他们还添加了结构优化功能，可以自动调整和优化晶体结构中的原子坐标和占位率等参数。此外，它还支持多种衍射数据文件格式和晶体结构模型，提高了软件的灵活性和通用性。在这一阶段，Fullprof 软件的功能得到了极大的扩展和优化，成为一款功能强大的粉末衍射数据处理软件。为了满足不断变化的科研需求和技术发展，它持续进行更新和升级。开发人员不断跟进最新的科研成果和技术进展，将新的理论和方法融入软件中。例如，他们引入了更加先进的衍射数据处理算法和优化算法，提高了软件的计算速度和准确性；他们还增加了对新材料和新结构类型的支持，使得软件可以应用于更广泛的领域。此外，它还加强了与其他软件的兼容性和集成性，方便用户进行数据的共享和交流。

Fullprof 软件的发展历程是一个不断追求创新和完善的过程。从最初的简单数据处理软件到如今的强大晶体结构分析工具，它在晶体结构研究领域发挥了重要的作用。它不仅提高了科研人员的工作效率和质量，还推动了该领域的快速发展。未来，随着科技的不断进步和科研需求的不断变化，它将继续保持其领先地位和竞争力。

2.2　主要功能和特点

在材料科学、固体物理以及化学等领域，晶体结构的研究一直是科研工作者关注的重点。为了准确解析晶体结构，科研人员需要借助各种先进的实验技术和数据处理软件。Fullprof 软件作为一款在粉末衍射数据处理领域有着广泛应用的软件，其强大的功能和独特的特点，使得它成为科研人员不可或缺的工具。

Fullprof 软件支持多种常见的粉末衍射数据文件格式，如 RAW、XDR、CIF 等，方便用户直接导入实验数据。在数据预处理阶段，它提供了丰富的功能，包括数据的平滑处理、背景扣除、寻峰等。这些功能可以帮助用户快速准确地从原始数据中提取出有用的信息，为后续的结构精修提供基础。结构精修是它的核心功能之一。它基于粉末衍射数据，通过不断调整和优化晶体结构参数（如晶胞参数、原子坐标、占位率等），使计算得到的衍射数据与实验数据之间的匹配度达到最优。Fullprof 软件提供了多种精修方法，如 Rietveld 方法、Pawley 方法等，用户可以根据实验数据和晶体结构的特点选择合适的精修方法。在精修过程中，它可以实时显示精修结果和参数变化，方便用户监控精修过程并进行调整。除了基本的结构精修功能外，它还提供了结构优化功能。该功能可以自动调整和优化晶体结构中的原子坐标和占位率等参数，以进一步提高计算数据与实验数据之间的匹配度。结构优化功能可以大大节省用户的时间和精力，提高研究效率。

Fullprof 软件还提供了丰富的数据分析和可视化工具。用户可以利用这些工具对精修后的晶体结构进行进一步的分析和解读。例如，它可以生成晶体结构的可视化模型，方便用户直观地了解晶体结构的特征和性质。此外，Fullprof 软件还可以生成各种图表和报告，方便用户进行数据分析和展示。它支持多重拟合功能，即可以同时处理多个样品或多个相的数据。这一功能在处理复杂样品或混合相样品时非常有用。用户可以通过设置不同的相和相应的结构参数，实现对多相样品的准确分析。Fullprof 软件内置了丰富的晶体结构模型库，包括各种常见的晶体结构类型。用户可以直接选择相应的模型进行精修。此外，它还提供了丰富的参数设置选项，用户可以根据实验数据和晶体结构的特点进行灵活的设置和调整。Fullprof 软件集数据读取、预处理、结构精修、结构优化、数据分析与可视化等功能于一体，功能强大且全面。它几乎涵盖了粉末衍射数据处理和分析的各个方面，可以满足不同领域和不同层次用户的需求。它具有友好的图形用户界面（GUI），操作简便易用。用户只需通过简单的鼠标操作即可完成各种功能的设置和执行。此外，它还提供了详细的帮助文档和示例数据，方便用户快速上手并熟练掌握软件的使用技巧。经过长期的发展和优化，它已经成为粉末衍射数据处理领域的知名品牌。其可靠性和准确性得到了广大科研人员的认可和信赖。无论是在实验数据的处理还是在晶体结构的解析方面，Fullprof 软件都能提供可靠的结果和支持。它支持多种晶体结构模型和精修方法，用户可以根据实验数据和晶体结构的特点选择合适的模型和方法。此外，它还提供了丰富的参数设置选项，用户可以根据需要进行灵活的设置和调整。这使得 Fullprof 软件具有很强的灵活性和适应性。它内置了丰富的晶体结构模型库，用户可以直接选择相应的模型进行精修。这些模型覆盖了各种常见的晶体结构类型，为用户提供了极大的便利。同时，用户还可以根据需要自定义模型，进一步扩展了软件的应用范围。它支持多重拟合与多相分析功能，使得软件在处理复杂样品或混合相样品时具有独特优势。用户可以同时对多个样品或多个相进行数据处理和分析，大大提高了研究效率。

Fullprof 软件作为一款在粉末衍射数据处理领域有着广泛应用的软件，其强大的功能和独特的特点使它成为科研人员不可或缺的工具。无论是从数据读取与预处理、结构精修、结构优化到数据分析与可视化等方面，它都表现出了卓越的性能和可靠性。同时，其友好的图形用户界面和强大的模型库支持也使得软件的使用更加简便和灵活。未来，随着科技的不断进步和科研需求的不断变化，它将继续发挥重要作用。

2.3 优势和局限性

Fullprof 软件是一款广泛应用于晶体结构分析的强大工具，其在粉末衍射数据的处理、晶体结构精修以及可视化等方面都展现出了显著的优势，前文已有论述。然而，任何一款软件都难以做到尽善尽美，它在晶体结构分析中同样存在一些局限性。它的准确性和可靠性在很大程度上依赖于实验数据的质量。粉末衍射数据中的噪声、误差以及非晶态物质的干扰等因素都可能对精修结果产生显著影响。当实验数据质量不佳时，它可能难以准确地解析出晶体结构，导致精修结果偏离真实值。因此，在使用 Fullprof 软件进行晶体结构分析之前，需要确保实验数据的准确性和可靠性，并尽可能采用高质量的实验设备和精细的实验方法。

尽管 Fullprof 软件内置了丰富的晶体结构模型库，并提供了多种精修方法和优化算法，但对于某些复杂的晶体结构，其解析能力仍然有限。特别是对于存在大量无序、缺陷或复杂相变的晶体结构，它可能难以准确地解析出所有细节。此时，可能需要结合其他实验技术和软件进行分析，以获得更准确的晶体结构信息。它的精修结果往往受到初始模型的影响。如果初始模型与真实晶体结构存在较大差异，那么它的精修结果可能会偏离真实值。此外，即使初始模型与真实晶体结构相近，但由于精修过程中存在多种可能的解，它也可能陷入局部最优解而无法找到全局最优解。因此，在使用它进行晶体结构分析时，需要选择合适的初始模型，并尽可能多地尝试不同的模型进行比较和验证。虽然 Fullprof 软件具有友好的图形用户界面（GUI），但其操作门槛仍然较高。用户需要具备一定的材料科学、固体物理和统计学等方面的知识背景，才能熟练掌握软件的使用技巧。此外，它的参数设置和模型选择也需要一定的经验和实践经验。对于初学者来说，可能需要花费较长的时间来熟悉和掌握它的使用方法。因此，在使用 Fullprof 软件进行晶体结构分析时，建议用户先阅读相关的教程和文献，了解软件的基本操作和使用方法，并在实践中不断积累经验。

随着科技的不断进步和科研需求的不断变化，Fullprof 软件需要不断更新和维护以保持其竞争力和实用性。然而，软件的更新和维护需要投入大量的人力、物力和财力，这对于一些小型实验室或研究机构来说可能是一个挑战。用户需要关注它的更新和维护情况，并根据自身需求和经济实力进行合理的选择和使用。在晶体结构分析中，用户可能需要结合使用多种软件进行分析和比较。然而，它与其他软件的兼容性问题可能会给用户带来一定的困扰。例如，它可能无法直接读取某些其他软件生成的数据文件或结果文件，需要用户进行额外的数据转换或处理。此外，Fullprof软件与其他软件的交互和集成也可能存在一定的困难。因此，用户需要在使用它之前了解其与其他软件的兼容性问题，并根据需要进行相应的数据转换或处理。

  Fullprof软件在晶体结构分析中虽然具有显著的优势，但也存在一些局限性。这些局限性主要包括对实验数据质量的依赖、对复杂结构的解析能力有限、对初始模型的依赖性、操作门槛较高、软件更新和维护的挑战以及与其他软件的兼容性问题等。因此，在使用它进行晶体结构分析时，用户需要充分了解其局限性，并采取相应的措施来克服这些局限性。同时，用户也可以结合使用其他软件进行分析和比较，以获得更准确的晶体结构信息。

第3章 基本功能

3.1 功　　能

　　Fullprof 是一款功能强大的晶体结构精修软件，广泛应用于材料科学、化学、物理等领域。该软件具有多种强大的功能，能够帮助研究人员快速、准确地分析和处理晶体结构数据。Fullprof 支持多种数据格式的导入，包括 XY ASCII、XYY ASCII、GSAS、CIF 等，这使得用户能够方便地将实验测得的粉末衍射数据导入软件中进行处理。在数据导入后，Fullprof 提供了一系列的数据预处理工具，如背景拟合、数据平滑、峰识别等，帮助用户去除背景噪声、去除仪器漂移等干扰因素，提高数据的准确性和可靠性。Fullprof 的核心功能之一是晶体结构精修。通过拟合实验测得的粉末衍射数据，Fullprof 能够计算出晶体的晶胞参数、原子坐标等结构信息。在精修过程中，Fullprof 采用了一系列先进的算法和技术，如模拟退火算法、最小二乘法等，以确保结果的准确性和可靠性。此外，Fullprof 还支持多种精修方法，如 Rietveld 方法、Pawley 方法等，适用于不同类型的晶体结构数据。除了晶体结构精修外，Fullprof 还具备 PDF（pair distribution function）拟合功能。PDF 拟合是一种通过分析原子间距离分布来研究晶体结构的方法。Fullprof 中的 PDF 拟合模块能够利用实验测得的粉末衍射数据计算出 PDF 曲线，进而分析晶体中的原子间距离分布。这一功能对于研究晶体中的缺陷、相变等现象具有重要意义。

　　Fullprof 还集成了 FAULTS 程序，该程序专门用于计算缺陷层状晶体的衍射强度。该工具已被广泛用于解释一维无序系统的衍射数据，其算法利用在随机堆叠序列中发现的模式的递归性质来计算发生在每个层散射的平均扰动波函数。这使得 Fullprof 在处理层状材料数据时具有独特的优势。Fullprof 还提供了丰富的可视化工具和数据分析功能。用户可以通过软件中的图形界面直观地查看晶体结构、衍射数据等信息。此外，Fullprof 还支持多种数据输出格式，如 CIF、PDF 等，方便用户与其他软件进行数据交换和共享。在数据分析方面，Fullprof 提供了多种统计分析和图形绘制工具，如直方图、散点图等，帮助用户深入挖掘数据中的规律和趋势。除了以上主要功能外，Fullprof 还具有一些其他实用功能。例如，Fullprof 支持多线程并行计算，能够充分利用计算机资源提高计算速度；Fullprof 还提供了丰富的帮助文档和教程资源，方便用户学习和使用软件。

Fullprof 是一款功能强大的晶体结构精修软件，具有数据导入与处理、晶体结构精修、PDF 拟合、层状材料精修、可视化与数据分析等多种功能。这些功能使得 Fullprof 成为材料科学、化学、物理等领域研究人员不可或缺的工具之一。

3.2 用户界面

图 3.1 是 Fullprof（January-2023）的用户界面。Fullprof（January-2023）的用户界面设计直观且易于导航。主界面清晰展示了数据处理、结构精修和结果分析的主要功能区域。用户可以通过简单地点击和拖拽操作导入数据、设置参数以及查看结果。软件界面布局合

理，各项功能一目了然，即使对于初学者也能快速上手。

图 3.1　Fullprof（January-2023）的用户界面

3.2.1　菜单功能

图 3.2 是 File 菜单，由 8 个部分构成，其中的"Remove current selected file from TB"功能允许用户快速从当前打开的文件列表（通常是 Table of Banks，TB）中移除选中的文件。这一功能在处理多个数据文件时尤为有用，当用户不再需要某个文件或想要减少内存占用时，可以通过此功能轻松移除它。操作简便直观，用户只需在 TB 中选中相应的文件，然后点击此菜单项，选中的文件就会被迅速从列表中移除，从而简化工作流程并优化资源使用。

图 3.3 是 Programs 菜单，包括 27 个子菜单，每个子菜单都有特定的功能，由于太多，不一一列举。在此指出其中两个子菜单的作用。Programs 菜单中 Dicvol 是一个特别有用的子菜单，它主要用于从给定的原子坐标和晶胞参数中确定最可能的空间群（space group）。Dicvol 的主要功能是通过检查晶胞中的对称元素（如旋转轴、反射面和滑移面等）来确定晶体的空间群。这对于晶体结构分析至关重要，因为空间群决定了晶体中原子排列的对称性。使用 Dicvol 子菜单时，用户需要提供初始的原子坐标和晶胞参数（如晶胞长度、角度等）。然后，Dicvol 会自动计算晶胞中的对称元素，并

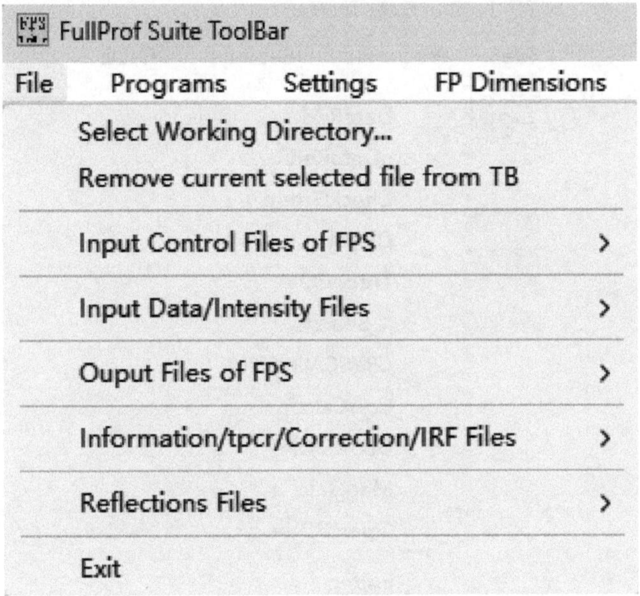

图 3.2　File 菜单

与已知的空间群进行比较，以找出最匹配的空间群。Dicvol 的输出结果通常包括：确定的空间群名称和编号；一些统计参数，如与已知空间群的匹配度；可能的误差和警告信息，以帮助用户评估结果的可靠性。在晶体结构精修过程中，Dicvol 子菜单可以帮助用户快速确定初始结构的空间群，从而为后续的结构优化和性质分析提供重要参考。此外，Dicvol 还可以用于验证实验结果的正确性，特别是在确定新材料或新相的结构时。Fullprof 中的 Dicvol 子菜单是一个强大的工具，可以帮助用户快速准确地确定晶体的空间群。

图 3.3 Programs 菜单

在 Programs 菜单中，GFourier 子菜单是一个特别有用的工具，主要用于处理和分析 X 射线衍射数据的傅里叶变换结果。GFourier 子菜单允许用户通过傅里叶变换将 X 射线衍射数据从角度空间转换到实空间，从而揭示晶体结构中的原子排列信息。在晶体结构研究中，傅里叶变换是一种强大的技术，能够将衍射图案中的信息转换为更直观、易于理解的实空间图像。使用 GFourier 子菜单时，用户首先需要提供经过处理的 X 射线衍射数据，这些数据通常包括衍射角度和对应的强度信息。然后，GFourier 会根据这些数据执行傅里叶变换，生成一个三维的实空间图像，其中包含了晶体中原子排列的详细信息。通过 GFourier 子菜单生成的实空间图像，用户可以直观地观察到晶体中原子的分布和排列方式，这对于理解晶体的结构和性质具有重要意义。此外，GFourier 还可以帮助用户识别晶体中的缺陷、杂质或其他非晶态成分，从而提供更全面的结构信息。在 Fullprof 中，GFourier 子菜单通常与其他分析工具（如峰位拟合、结构精修等）结合使用，以获取更准确的晶体结构信息。通过综合利用这些工具，用户可以更深入地了解晶体的结构和性质，为材料科学研究和应用提供有力支持。Fullprof 中的 GFourier 子菜单是一个强大的工具，能够通过傅里叶变换将 X 射线衍射数据转换为实空间图像，帮助用户直观地理解晶体的结构和性质。在晶体结构分析和材料科学研究中，GFourier 功能发挥着不可或缺的作用。

图 3.4 是 Settings 菜单，Settings 子菜单是一个关键部分，为用户提供了对软件配置和个性化设置的访问。通过这个子菜单，用户可以根据自己的需求和使用习惯，调整 Fullprof 的各种参数和选项，从而优化软件的工作效率和用户体验。

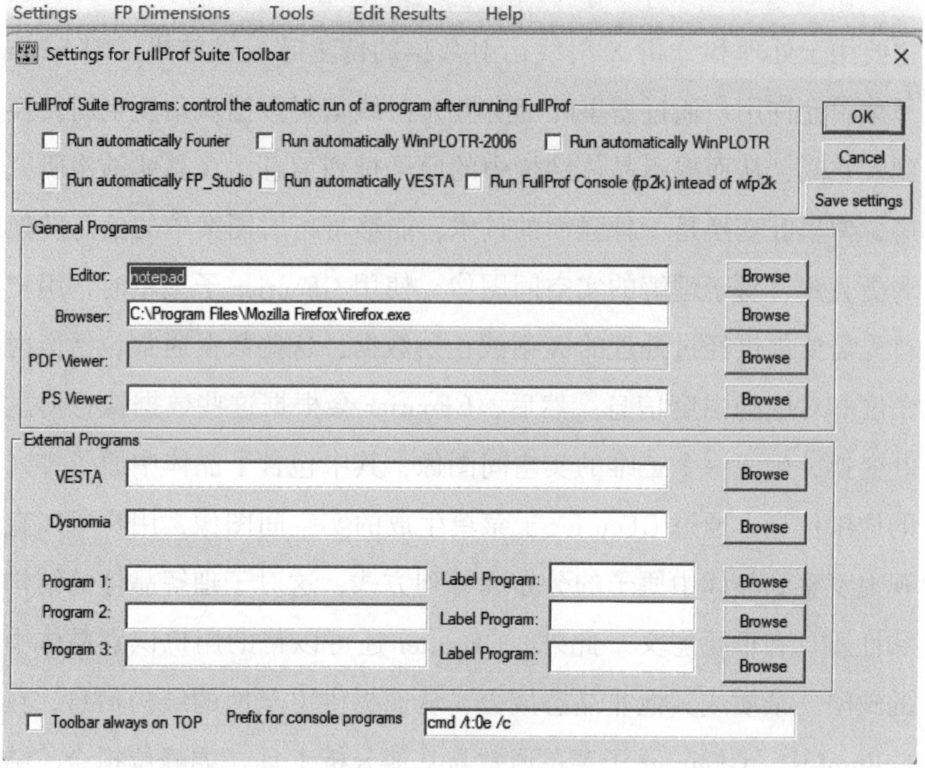

图 3.4 Settings 菜单

图 3.5 是 FP Dimensions 菜单，其 FP Dimensions 子菜单是一个用于处理和分析晶体结构维度数据的工具。该子菜单提供的功能可以帮助研究人员设置晶体结构精修时的参数，通过使用该子菜单，研究人员可以更高效地进行分析和解释数据。

图 3.6 是 Tools 菜单，Fullprof 的 Tools 菜单是一个集成了多种实用工具和功能的集合，为晶体结构分析和 X 射线衍射数据处理提供了强大的支持。这个菜单中的功能旨在帮助用户更高效、更准确地完成各种分析任务。Tools 菜单下的 CIFs_to_PCR 子菜单是一个专为晶体

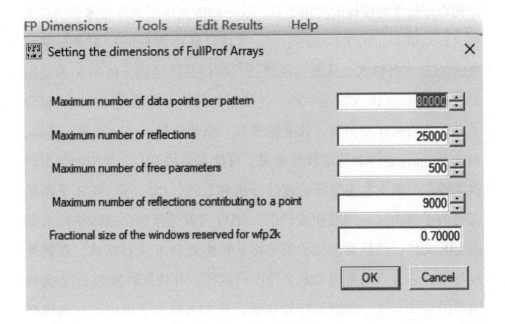

图 3.5 FP Dimensions 菜单

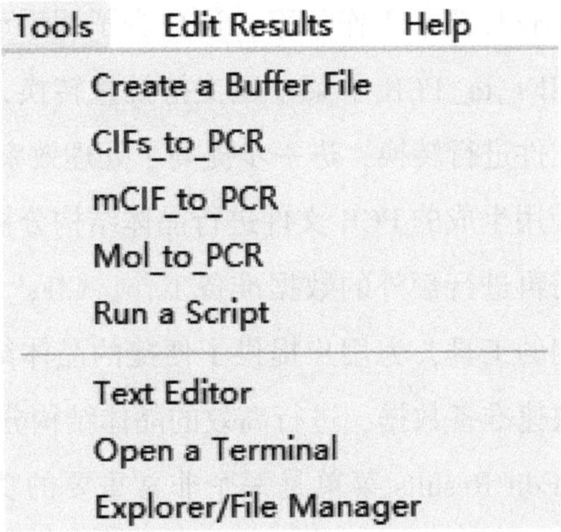

图 3.6 Tools 菜单

结构数据转换而设计的实用工具。这一功能允许用户将晶体学信息文件（crystallographic information file，CIF）转换为 Fullprof 软件能够处理的 PCR 文件格式，从而方便进行后续的晶体结构分析和 X 射线衍射数据处理。CIF 文件是一种广泛使用的晶体学数据文件格式，包含了晶体结构的详细信息，如晶胞参数、原子坐标、空间群等。然而，对于 Fullprof 这样的特定软件来说，可能需要将 CIF 文件中的数据转换为特定的格式才能进行后续的分析和处理。CIFs_to_PCR 子菜单就是为了解决这一问题而设计的。用户只需选择包含晶体结构数据的 CIF 文件，然后通过该子菜单将其转换为 PCR 文件格式。在转换过程中，它会自动解析 CIF 文件中的数据，并将其转换为 PCR 文件所需的格式。这一功能的好处在于，它大大简化了用户进行晶体结构数据转换的步骤。用户无需手动编辑或修改数据文件，只需选择相应的 CIF 文件并点击"转换"按钮，即可快速生成适用于它的 PCR 文件。这不仅提高了工作效率，还减少了因手动操作而引起的错误。此外，CIFs_to_PCR 子菜单还支持批量转换，用户可以同时选择多个 CIF 文件进行转换，进一步提高了处理效率。转换完成后，用户可以直接使用生成的 PCR 文件进行晶体结构分析和 X 射线衍射数据处理，无需再进行额外的数据准备工作。CIFs_to_PCR 子菜单是一个非常实用的工具，为用户提供了便捷的晶体结构数据转换方式，帮助用户快速准备数据，进行高效的晶体结构分析和处理。

Fullprof 的 Edit Results 菜单是一个非常重要的功能，它允许用户对分析结果进行精细的调整和编辑。用户可以通过此菜单对已经生成的分析结果进行微调，以获得更精确的分析结果。它为用户提供了灵活、便捷的方式来处理和分析实验数据。

图 3.7 是 Help 菜单。Help 菜单是一个重要的功能，为用户提供了丰富的帮助和支持，使用户能够更好地理解和使用该软件。Help 菜单中 Manuals 子菜单通常包含了详尽的用户手册和教程，这些文档详细介绍了 Fullprof 的各项功能和操作方法，为用户提供了宝贵的学习资源。Fullprof 版本还提供了在线帮助和支持功能。通过 Help 菜单，用户可以访问软件的官方网站或论坛，与其他用户或开发者交流经验，获取专业的技术支持。Help 菜单还会提供软件更新信息，告知用户最新版本的功能改进和修复内容，引导用户及时升级软件，以享受更好的使用体验。Fullprof 的 Help 菜单为用户提供了全面的帮助和支持，无论是初学者还是资深用户，都可以从中获得有用的信息和资源，更好地利用 Fullprof 进行数据处理和分析工作。通过 Help 菜单，用户可以更加轻松地掌握 Fullprof 的使用方法，提高工作效率。

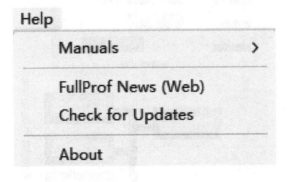

图 3.7　Help 菜单

3.2.2 工具栏

Fullprof 工具栏在数据处理和分析过程中发挥着关键作用。它集成了多种功能按钮和工具，方便用户快速进行各种操作。用户可以直接点击相应的按钮来执行这些操作。此外，工具栏还提供了灵活的参数设置选项，使用户能够根据自己的需求进行定制。总之，Fullprof 工具栏大大提高了数据处理的效率和便捷性。

图 3.8 是 Seach Input Files 工具，这一工具的主要功能是帮助用户快速搜索和定位所需的输入文件，这些文件通常包含了晶体结构参数以及其他重要的实验条件。

图 3.8　Seach Input Files 工具

通过 Seach Input Files 工具，可以输入不同的文件格式，非常方便，如图 3.9 所示。

```
Input Control Files (*.pcr)
Input Control Files (*.pcr)
Faults Input Files (*.flts)
General Input Files (*.cfl)
Cristallographic Information Files (*.cif)
Input Basireps Files (*.smb)
Fourier Input Files (*.inp)
General Output Information (*.out)
```

图 3.9　Seach Input Files 输入不同的文件格式

图 3.10 是 Run Editor 工具。Fullprof 的 Run Editor 工具功能在数据处理和分析过程中起着至关重要的作用。这一工具的主要功能是帮助用户创建、编辑和运行输入文件，从而实现对实验数据的精确处理和分析。首先，Run Editor 工具提供了一个直观的用户界面，使用户能够方便地输入和管理各种参数，如晶体结构参数、衍射数据、背景校正参数等。用户可以根据需要自定义这些参数，以满足不同实验条件和数据处理要求。其次，Run Editor 工具支持多种文件格式的导入和导出，包括常见的文本文件、数据库文件等。这使得用户能够轻松地将实验数据导入 Fullprof 软件中，并将处理结果导出到其他应用程序中进行进一步分析或可视化。此外，Run Editor 工具还提供了丰富的编辑功能，如复制、粘贴、剪切、查找和替换等。这些功能使用户能够快速地修改和调整输入文件，提高数据处理的效率和准确性。最重要的是，Run Editor 工具支持一键运行功

能。用户只需要点击"运行"按钮,它就会自动读取输入文件,执行相应的数据处理和分析算法,并生成输出结果。这使得用户能够快速地获取实验数据的分析结果,并据此进行后续的研究和决策。为用户提供了便捷的数据处理和分析平台。它不仅能够满足用户对于实验数据处理的各种需求,还能够提高数据处理的效率和准确性。

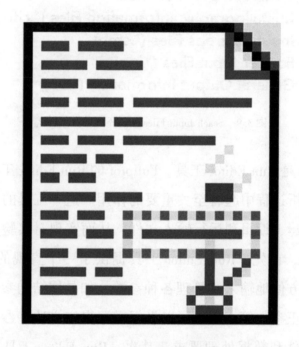

图 3.10 Run Editor 工具

图 3.11 是 Run DataRed 工具,DataRed 是一个简单的控制台命令,用于单晶衍射图样的数据缩减,而 GDataRed 则是它的图形用户界面(GUI)版本,用于创建调用 DataRed 程序的输入文件。该命令读取已测量的反射列表,并进行平均处理,以提供一组唯一且独立的反射,这些反射将用于结构解析或优化。输出文件旨在被

FullProf 程序使用。已测量的反射列表必须存储在一个文件中，该文件需符合 7 种可用的输入格式之一。该命令还能够根据用户提供的设置，将反射索引转换为另一种设置。当用户在输入控制文件中提供孪晶定律时，它会构建包含孪晶信息的适当文件。此外，DataRed 还能处理非公度磁结构的情况，会给出传播矢量。

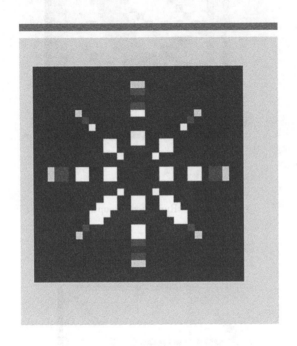

图 3.11 Run DataRed 工具

图 3.12 是 Run CheckGroup 工具。Fullprof 的 Run CheckGroup 工具是一个功能强大的工具，主要用于帮助用户快速、准确地验证和检查输入的衍射数据分组的合理性和正确性。这对于后续的结构解析、优化以及相变分析等研究过程至关重要。

图 3.13 是 Run Dicvol 工具，这项功能在以前已经描述了，在此不多做说明。

图 3.12 Run CheckGroup 工具

图 3.13 Run Dicvol 工具

图 3.14 是 Run Treor-90 工具，主要用于晶体结构的初步解析和索引。Treor-90 是 Fullprof 软件中的一个子菜单，源自 Treor 算法，该算法专门设计用于处理粉末衍射数据，特别是在缺乏单晶数据的情况下进行晶体结构的初步推断。Run Treor-90 工具能够根据输入的粉末衍射数据，利用 Treor 算法进行晶体结构的初步解析。它通过分析衍射峰的位置和强度，尝试找出与已知晶体结构数据库中最匹配的结构。这对于未知晶体的结构解析具有重要的指导意义。同时该工具能够对输入的衍射数据进行索引，即确定每个衍射峰对应的晶面间距（d 值）和相应的晶面指数（hkl）。索引是晶体结构解析的重要步骤之一，能够将衍射数据与实际晶体结构中的晶面联系起来，为后续的结构优化和精修提供基础。Run Treor-90 工具还能够根据索引结果，估计晶体结构的部分参数，如晶胞参数、空间群

图 3.14　Run Treor-90 工具

等。这些参数的初步估计对于后续的结构优化和精修具有指导意义，能够缩小搜索范围，提高解析效率。该工具还具备数据质量评估功能，能够根据衍射数据的信噪比、分辨率等指标，评估数据的可靠性和准确性。这对于判断数据是否适合进行结构解析以及后续分析具有重要意义。

Run Treor-90 工具能够快速进行晶体结构的初步解析和索引，为用户提供一个大致的结构模型。这有助于用户快速了解晶体结构的基本特征，为后续的结构优化和精修提供方向。通过 Run Treor-90 工具的初步解析和索引，用户可以避免盲目地进行大量的实验尝试和计算模拟。这有助于节省研究成本和时间，提高研究效率。Run Treor-90 工具适用于各种类型的粉末衍射数据，包括无机化合物、有机分子、生物大分子等。这使得该工具在材料科学、化学、生物学等领域具有广泛的应用前景，有助于拓展研究范围。在生物大分子领域，Run Treor-90 工具为蛋白质、核酸等生物大分子的结构解析提供了新的途径。通过该工具的初步解析和索引，研究人员可以更快地了解生物大分子的结构特征，为后续的生物学功能研究和药物设计提供重要支持。它在晶体结构解析和粉末衍射数据分析中发挥着重要作用。通过该工具的初步解析和索引功能，研究人员可以快速了解晶体结构的基本特征，推动材料科学、化学、生物学等领域的发展。

图 3.15 是 Run k_search 工具。Fullprof 内置的 k_search 工具是该软件中的一项重要功能，专门用于粉末衍射数据中的晶胞参数搜索和优化。k_search 工具在晶体结构分析中扮演着至关重要的角色，特别是在处理粉末衍射数据时，能够帮助研究人员快速、准确

图 3.15　Run k_search 工具

地找到最佳的晶胞参数，为后续的结构解析和相分析提供有力支持。k_search 工具的核心功能是搜索粉末衍射数据中最可能的晶胞参数。它通过分析衍射峰的位置和强度，结合特定的算法和晶体学原理，对可能的晶胞参数进行搜索和优化。这种搜索过程是自动化的，可以大大节省研究人员的时间和精力。除了晶胞参数搜索外，k_search 工具还能够根据搜索结果，给出晶体结构的初步估计。这些估计包括可能的晶体系、空间群以及原子位置等信息。这些信息对于后续的结构解析和精修具有指导意义，能够帮助研究人员更快地找到正确的晶体结构。k_search 工具还具备数据质量评估的功能，能够根据衍射数据的信噪比、分辨率等指标，评估数据的可靠性和准确性。这对于判断数据是否适合进行结构解析以及后续分析具有重要意义。k_search 工具采用高度自动化的搜索算法，能够自动分析衍射数据，搜索可能的晶胞参数，并给出初始结构估计。这使得研究人员可以更加轻松地处理大量的粉末衍射数据，提高研究效率。k_search 工具在搜索晶胞参数时，采用先进的算法和优化技术，能够确保搜索结果的准确性和可靠性。同时，它还能够根据数据的特征，自动调整搜索范围和参数设置，以获得更好的搜索效果。k_search 工具适用于各种类型的粉末衍射数据，包括无机化合物、有机分子、生物大分子等。这使得它在材料科学、化学、生物学等领域具有广泛的应用前景。Fullprof 软件具有直观的用户界面和友好的操作方式，使得 k_search 工具易于使用。研究人员只需将粉末衍射数据导入软件中，然后选择 k_search 工具进行搜索即可。同时，软件还提供了详细的帮助文档和示例数据，方便研究人员快速上手。

对于未知晶体结构的样品，k_search 工具可以帮助研究人员快速找到可能的晶胞参数和初始结构估计。这为后续的结构解析和精修提供了重要支持，有助于研究人员更快地确定晶体结构。对于含有相变或混合相的材料，k_search 工具能够根据衍射数据的特征，自动识别出不同的相，并分别进行晶胞参数搜索和初始结构估计。这有助于研究人员更好地理解材料的相变过程和混合相行为。在得到初步的晶胞参数和初始结构估计后，研究人员可以利用 Fullprof 软件中的其他工具（如 Rietveld 精修工具）对晶体结构进行优化和精修。k_search 工具提供的初始参数可以作为优化和精修的起点，帮助研究人员更快地找到最佳的结构模型。它通过自动化的搜索算法和高度精确的参数估计，能够帮助研究人员快速、准确地找到粉末衍射数据中的晶胞参数和初始结构估计。

图 3.16 是 Run EdPCR 工具及其展开。Fullprof 软件中的 EdPCR（PCR 编辑器）工具是晶体结构精修过程中的关键组成部分，其功能丰富且重要。PCR（phase crystallographic refinement）文件在 Fullprof 中扮演着控制精修过程各种参数和精修顺序的核心角色，而 EdPCR 工具正是用于创建、编辑和管理这些 PCR 文件的平台。

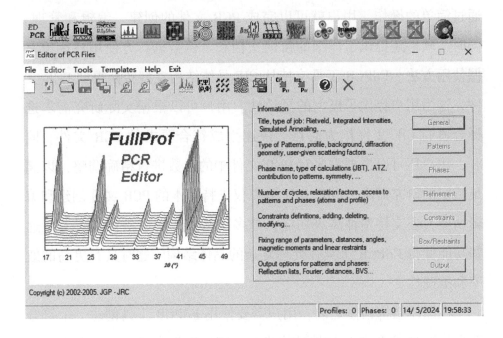

图 3.16 Run EdPCR 工具及其展开

EdPCR 工具允许用户从空白开始创建新的 PCR 文件，也可以从已有的 CIF（crystal information file）晶体结构模型转换得到 PCR 文件。这为用户提供了极大的灵活性，可以根据实际研究需求定制精修过程。PCR 文件包含了精修过程中所需的各种参数，如晶胞参数、原子坐标、空间群等。EdPCR 工具提供了直观易用的界面，使用户能够方便地修改这些参数。通过精确调整这些参数，用户可以优化精修过程，提高结构解析的准确性和可靠性。在晶体结构精修中，不同的参数可能需要按照特定的顺序进行精修。EdPCR 工具允许用户自定义精修顺序，确保精修过程的高效性和准确性。通过合理的精修顺序设置，用户可以更有效地处理复杂的晶体结构问题。

EdPCR 工具采用直观的用户界面设计，使用户能够轻松上手。通过简单的操作，用户就可以完成 PCR 文件的创建、编辑和管理。同时，软件还提供了详细的帮助文档和示例数据，方便用户快速掌握使用方法。EdPCR 工具支持从 CIF 晶体结构模型转换得到 PCR 文件，这为用户提供了极大的灵活性。用户可以根据实际研究需求选择合适的 CIF 文件作为起点，快速生成符合要求的 PCR 文件。同时，用户还可以根据需要对 PCR 文件中的参数进行精确调整，以满足特定的研究需求。EdPCR 工具不仅支持基本的 PCR 文件创建和编辑功能，还支持多种高级功能，如多相精修、约束条件设置等。这些功能使得 EdPCR 工具在处理复杂的晶体结构问题时具有更高的效率和准确性。

在晶体结构精修之前，用户需要使用 EdPCR 工具创建一个符合要求的 PCR 文件作为初始结构模型。通过选择合适的 CIF 文件和调整 PCR 文件中的参数，用户可以快速生成一个符合实际研究需求的初始结构模型。在精修过程中，用户需要不断修改 PCR 文件中的参数以优化结构解析的准确性和可靠性。EdPCR 工具允许用户实时查看和修改 PCR 文件中的参数，确保精修过程的高效性和准确性。通过 EdPCR 工具生成的 PCR 文件不仅包含了精修过程中所需的参数信息，还包含了大量的数据分析结果。用户可以根据这些结果对晶体结构进行更深入的分析和解释，进一步理解材料的物理和化学性质。

通过它，用户可以方便地创建、编辑和管理 PCR 文件，控制精修过程的各种参数和精修顺序，优化结构解析的准确性和可靠性。在晶体结构精修领域，EdPCR 工具具有重要的应用价值和发展前景。

图 3.17 是 Run Fullprof 工具及其展开。Fullprof 软件中的 Run Fullprof 工具是其核心功能之一，它集成了指标化操作、结果分析和结果输出等多个步骤，为用户提供了一套完整的粉末衍射数据处理和结构分析解决方案。

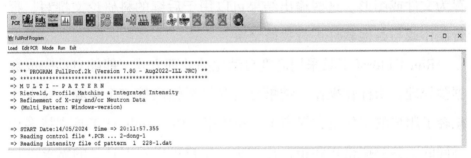
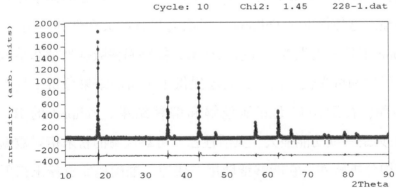

图 3.17　Run Fullprof 工具及其展开

Run Fullprof 工具指标化操作是 Run Fullprof 工具的核心功能之一，它通过将实验数据与已知的参考模型进行比对，从而确定样品的晶体结构。Fullprof 提供了多种指标化操作方法，如 Rietveld 法、Le Bail 法等，这些方法可以根据不同的样品和实验条件进行选择。指标化操作的结果将为用户提供样品的晶体结构信息，包括晶胞参数、空间群、原子坐标等。Run Fullprof 工具还提供了一系列的结果分析工具，帮助用户对指标化操作的结果进行深入的分析。这些分析工具包括晶格参数分析、结构因子分析、密度分布函数分析等。最后，Run Fullprof 工具支持多种结果输出格式，如 RPA、SYM、CIF 等。用户可以根据自己的需求选择合适的输出格式，将结果保存为文件或图形。这些输出结果可以用于后续的科研论文撰写、报告制作或与其他软件进行数据交换。

Run Fullprof 工具采用高度自动化的处理方式，能够自动完成数据预处理、指标化操作、结果分析和结果输出等多个步骤。这大大减轻了用户的工作量，提高了工作效率。Run Fullprof 工具支持多种不同的实验数据格式和指标化方法，用户可以根据自己的需求进行选择和调整。这使得 Run Fullprof 工具具有更强的灵活性和适用性。Run Fullprof 工具采用先进的算法和技术，能够确保数据处理和结构分析的准确性和可靠性。同时，它还提供了丰富的结果分析工具和可视化界面，帮助用户更好地理解和解释结果。Fullprof 的 Run Fullprof 工具是一款功能强大、灵活性强、可靠性高的粉末衍射数据处理和结构分析软件。它能够帮助用户快速、准确地完成粉末衍射数据的处理和分析工作。

图 3.18 是 Run FAULTS 工具及其展开。在材料科学研究中，对层状材料及其缺陷结构的深入了解对于理解材料的性能、优化制备工艺以及开发新型材料具有重要意义。Fullprof 软件中的 Run FAULTS 工具就是为了满足这一需求而设计的，它专注于处理层状材料的缺陷晶体衍射强度计算，为研究者提供了一种有效的实验数据分析方法。下面将详细探讨 Run FAULTS 工具的基本功能、展开功能及其在材料科学研究中的应用。

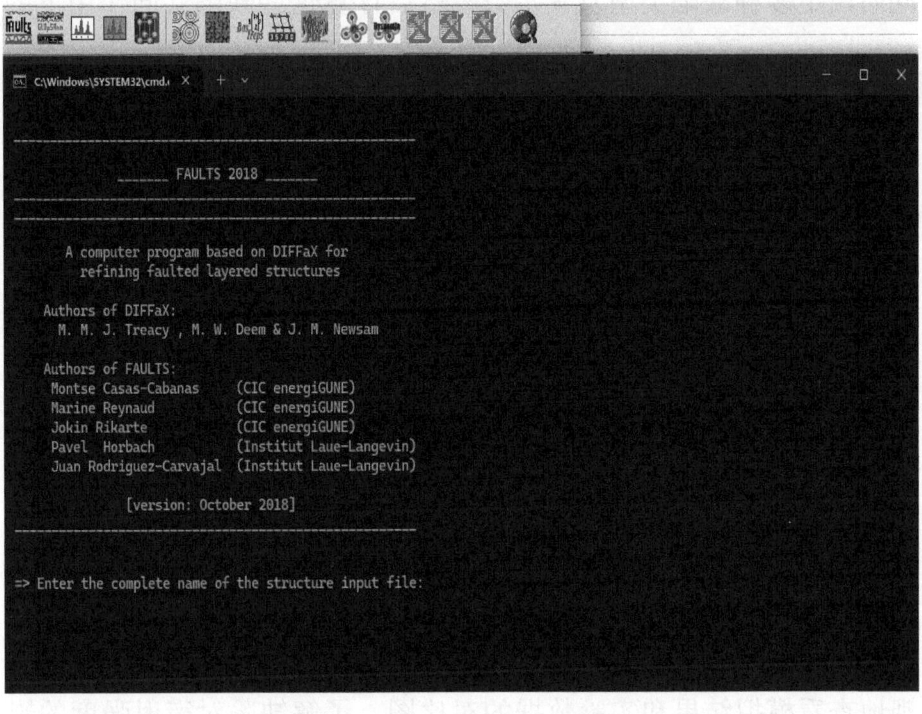

图 3.18　Run FAULTS 工具及其展开

Run FAULTS 工具是 Fullprof 软件中专门用于处理层状材料缺陷晶体衍射强度计算的模块。它基于 FAULTS 算法，该算法通过考虑层状材料中可能出现的各种缺陷类型（如空位、替位、层间错排等)，计算这些缺陷对衍射强度的影响。通过 Run FAULTS 工具，用户可以输入实验得到的衍射数据，并设定相应的缺陷参数，然后工具会自动进行缺陷晶体衍射强度的计算，从而帮助用户了解材料中缺陷的类型、浓度以及分布情况。除了单一缺陷类型的模拟外，Run FAULTS 工具还支持多重缺陷结构的模拟。在实际情况中，层状材料可能同时存在多种类型的缺陷，这些缺陷之间可能存在相互作用，对材料的性能产生复杂的影响。Run FAULTS 工具允许用户同时设定多种缺陷类型及其参数，然后计算这些缺陷共同作用下的衍射强度。通过对比实验数据和模拟结果，用户可以更准确地了解材料中缺陷的实际情况。Run FAULTS 工具不仅可以计算缺陷晶体衍射强度，还可以对缺陷的浓度和分布进行分析。通过设定不同的缺陷浓度和分布参数，工具可以模拟出不同条件下的衍射数据。用户可以根据实验数据和模拟结果的对比，分析出材料中缺陷的浓度和分布情况，为材料的性能优化提供指导。Run FAULTS 工具还提供了结构精修与优化功能。在模拟过程中，用户可以根据需要调整材料的晶体结构参数（如晶胞参数、原子坐标等），以优化模拟结果。通过不断尝试和调整参数，用户可以找到与实验数据最为吻合的晶体结构模型，从而更准确地了解材料的晶体结构和缺陷情况。Run FAULTS 工具具有强大的数据可视化与交互功能。用户可以直观地查看模拟结果和实验数据的对比图，了解缺陷对衍射强度的影响以及不同缺陷类型之间的相互作用。同时，用户还可以通过交互界面调整参数设置，实时观察模拟结果的变化，从而更深入地理解材料的缺陷结构和性能。Run FAULTS 工具具有良好的集成性和扩展性。它可以与其他 Fullprof 工具无缝集成，形成一个完整的材料科学研究平台。同时，用户还可以根据自己的需求对 Run FAULTS 工具进行扩展和定制，以满足特定的研究需求。例如，用户可以通过编写自定义的脚本或插件来扩展 Run FAULTS 工具的功能，或者与其他软件进行数据交换和共享。

Run FAULTS 工具在材料科学研究中具有广泛的应用前景。例如，在锂离子电池正极材料的研究中，层状材料如 $Li_xNi_{1.02}O_2$（$x \leqslant 0.3$）等具有广泛的应用。然而，这些材料在充放电过程中容易发生层间错排等缺陷，导致性能下降。通过 Run FAULTS 工具对这类材料的缺陷结构进行模拟和分析，研究者可以了解缺陷对材料性能的影响机制，并据此优化材料的制备工艺和性能。此外，Run FAULTS 工具还可以应用于其他层状材料的研究中，如二维材料、高分子材料等。通过对这些材料的缺陷结构进行模拟和分析，研究者可以深入了解材料的性能调控机制，为新型材料的开发提供理论支持。Run FAULTS 工具作为 Fullprof 软件中的一个重要模块，为层状材料缺陷结构的模拟和分析提供了有效的工具。通过其强大的功能和广泛的应用前景，Run FAULTS 工具将在材料科学研究中发挥越来越重要的作用。未来，随着技术的不断发展和研究的深入进行，Run FAULTS 工具的功能将进一步完善和扩展。

图 3.19 是 Run GLOPSANN 工具及其展开，Run GLOPSANN 工具是专为模拟退火算法（simulated annealing）进行全局优化而设计的。这一工具在粉末衍射数据的处理中起到了关键作用，通过模拟退火的方法，可以有效地从粉末衍射数据中获取并优化材料的晶体结构。Run GLOPSANN 工具主要基于模拟退火算法进行全局优化，以从粉末衍射数据中获取并优化材料的晶体结构。用户首先需要将

粉末衍射数据导入 Fullprof 软件中，这些数据通常以 int 文件的形式存在。这些 int 文件包含了衍射数据的关键信息，如衍射角度、衍射强度等。在导入数据后，用户需要设置模拟退火算法的相关参数，如初始温度、降温速率、迭代次数等。这些参数的设置将直接影响优化过程的效果和效率。设置完参数后，Run GLOPSANN 工具将开始执行模拟退火算法。该算法通过模拟物理退火过程，逐步降低系统的温度，同时根据一定的概率接受较差的解，从而避免陷入局部最优解。经过模拟退火优化后，Run GLOPSANN 工具将输出优化后的晶体结构信息，包括晶胞参数、原子坐标等。这些信息通常以 CIF 文件的形式存在，方便用户进行后续的分析和应用。

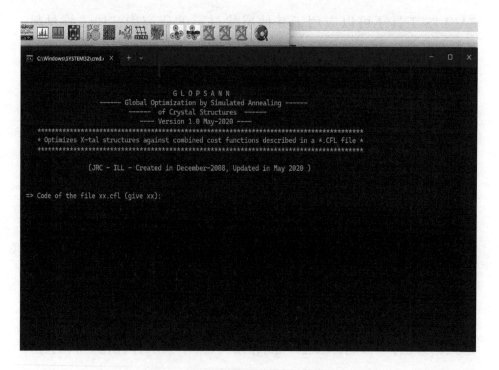

图 3.19　Run GLOPSANN 工具及其展开

除了基本的全局优化功能外，Run GLOPSANN 工具还具有以下展开功能：Run GLOPSANN 工具可以同时优化多个参数，如晶胞参数、原子坐标等。这种多参数优化的方式可以更加全面地考虑材料晶体结构的复杂性，从而提高优化结果的准确性和可靠性。在优化过程中，Run GLOPSANN 工具还可以根据键价理论进行键价的匹配。通过计算原子之间的键价和，可以评估晶体结构的稳定性和合理性，从而进一步提高优化结果的质量。Run GLOPSANN 工具提供了丰富的结果可视化功能，用户可以通过图形界面直观地查看优化后的晶体结构以及相关的性能参数。这种可视化的方式可以帮助用户更好地理解优化结果，并进行后续的分析和应用。Run GLOPSANN 工具支持交互式操作，用户可以在优化过程中随时调整参数设置和查看优化进度。这种交互式的方式可以提高用户的工作效率，并降低操作难度。

Run GLOPSANN 工具在材料科学研究中具有广泛的应用前景，可以从粉末衍射数据中解析出材料的晶体结构信息，为材料的性能分析和应用提供基础数据支持。例如，在新型功能材料的开发中，通过 Run GLOPSANN 工具可以快速地获取材料的晶体结构信息，从而评估其潜在的性能和应用前景。Run GLOPSANN 工具还可以用于分析材料中的缺陷结构。通过模拟退火算法的全局优化，可以找出材料中可能存在的缺陷类型、位置和浓度等信息，为材料的性能优化和制备工艺改进提供指导。在材料的相变过程中，晶体结构会发生显著的变化。Run GLOPSANN 工具可以通过模拟退火算法模拟这一相变过程，获取相变前后的晶体结构信息。这对于理解材料的相变机制、控制相变过程以及开发新型相变材料具有重要意义。

Run GLOPSANN 工具具有以下特点和优势：Run GLOPSANN 工具采用模拟退火算法进行全局优化，具有较快的优化速度和较高的优化效率。同时，该工具还支持多参数优化和键价匹配等功能，可以进一步提高优化结果的准确性和可靠性。Run GLOPSANN 工具具有友好的用户界面和交互式操作方式，用户可以轻松地设置参数、查看进度和获取结果。同时，该工具还提供了丰富的结果可视化功能，方便用户进行后续的分析和应用。Run GLOPSANN 工具支持多种输入文件格式和输出文件格式，可以满足不同用户的需求。同时，用户还可以根据自己的需求定制优化算法和参数设置，以满足特定的研究需求。

随着计算机技术的不断发展和材料科学研究的深入进行，Run GLOPSANN 工具将在材料科学领域发挥越来越重要的作用。未来，该工具可能会进一步集成更多的优化算法和功能模块，以提供更加全面和高效的材料晶体结构解析和优化服务。同时，随着大数据和人工智能技术的不断发展，Run GLOPSANN 工具还有望实现更加智能化的数据分析和结果。

图 3.20 是 Run WinPLOTR 工具及其展开。Run WinPLOTR 工具是该软件的一个重要组成部分，它提供了丰富的图形绘制和数据分析功能，帮助用户直观地理解和分析粉末衍射数据。Run WinPLOTR 工具的核心功能之一是图形绘制与数据展示。它能够根据用户输入的粉末衍射数据，快速生成各种形式的图形，如衍射图谱、拟合曲线、残差图等。这些图形不仅能够帮助用户直观地了解衍射数据的特征和规律，还能够为后续的数据分析和处理提供重要的参考。Run WinPLOTR 工具能够根据输入的衍射数据，绘制出完

整的衍射图谱。用户可以清晰地看到衍射峰的位置、强度以及分布情况，从而判断样品的晶体结构和相组成。在粉末衍射数据分析中，拟合是一个重要的步骤。Run WinPLOTR 工具能够展示拟合曲线，并与原始数据进行对比。用户可以通过观察拟合曲线与原始数据的吻合程度，评估拟合结果的优劣，进而调整拟合参数，优化拟合效果。残差图是评估拟合质量的重要工具。Run WinPLOTR 工具能够绘制出残差图，帮助用户了解拟合过程中的误差分布。通过残差图，用户可以直观地识别出异常值或不符合预期的数据点，进而采取相应的处理措施。

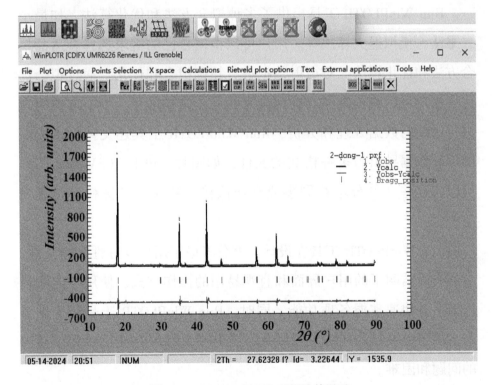

图 3.20　Run WinPLOTR 工具及其展开

Run WinPLOTR 工具还提供了丰富的数据分析与处理功能。这些功能可以帮助用户更深入地挖掘粉末衍射数据中的信息，为材料科学研究提供有力支持。在衍射图谱中，峰位是反映晶体结构信息的重要参数。Run WinPLOTR 工具能够自动识别并标注出衍射图谱中的峰位，方便用户进行后续的分析和处理。同时，用户还可以手动调整峰位标注的位置和大小，以满足自己的需求。峰面积和峰强度是描述衍射峰特征的重要参数。Run WinPLOTR 工具能够自动计算并显示每个衍射峰的峰面积和峰强度，帮助用户了解不同衍射峰之间的相对强度关系。拟合是粉末衍射数据分析中的关键步骤之一。Run WinPLOTR 工具提供了多种拟合方法和优化算法，如最小二乘法、模拟退火算法等。用户可以根据自己的需求选择合适的拟合方法和优化算法，对衍射数据进行精确拟合和优化。通过拟合优化，用户可以获得更加准确和可靠的晶体结构信息。为了方便用户进行后续的数据处理和分析，Run WinPLOTR 工具还支持将生成的图形和数据导出为多种格式的文件，如图片、PDF、CSV 等。用户可以将这些文件分享给同事或合作伙伴，共同开展材料科学研究工作。

　　Run WinPLOTR 工具在设计上充分考虑了用户友好性和交互性。它拥有简洁明了的用户界面和直观易用的操作方式，使用户能够轻松上手并快速掌握各项功能。同时，Run WinPLOTR 工具还提供了丰富的帮助文档和在线支持服务，帮助用户解决在使用过程中遇到的问题和困难。

　　Fullprof 的 Run WinPLOTR 工具在粉末衍射数据分析领域具有显著的优势和广泛的应用前景。它不仅能够快速绘制出各种形式的图形并展示衍射数据的特点和规律，还能够提供丰富的数据分析与处理功能以及用户友好性和交互性强的操作体验。未来，随着材料科学研究的不断深入和计算机技术的不断发展，Run WinPLOTR 工具将会得到进一步的完善和优化。

图 3.21 是 Run WinPLOTR-2006 工具及其展开。Run WinPLOTR-2006 工具是该软件的一个重要组成部分，主要用于数据的可视化展示和初步分析。Run WinPLOTR-2006 工具的首要功能是提供直观的数据可视化。用户可以将粉末衍射数据导入后，通过简单的操作快

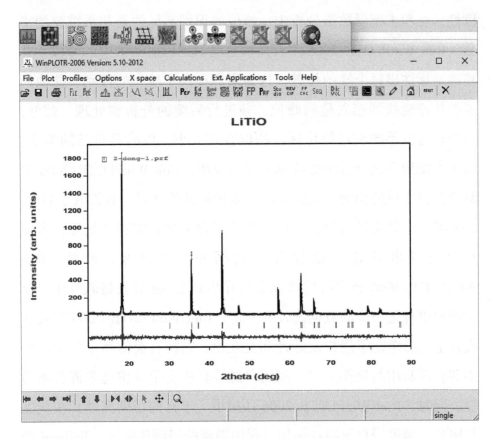

图 3.21　Run WinPLOTR-2006 工具及其展开

速生成衍射图谱。这些图谱能够清晰地展示衍射峰的位置、强度以及分布，帮助用户快速了解样品的晶体结构和相组成。此外，Run WinPLOTR-2006 还支持多种视图模式，如二维图谱、三维图谱等，以满足不同用户的需求。除了基本的图形生成外，Run WinPLOTR-2006 还提供了丰富的图形编辑功能。用户可以对生成的图谱进行缩放、平移、旋转等操作，以便更好地观察和分析数据。同时，用户还可以自定义图谱的颜色、线型、字体等属性，使图谱更加美观易读。这些编辑功能不仅提高了用户的工作效率，也增强了数据的可读性。在粉末衍射数据分析中，峰位的识别与标注是非常重要的步骤。Run WinPLOTR-2006 工具能够自动识别衍射图谱中的峰位，并精确地标注出每个峰的位置。这为用户提供了极大的便利，使他们能够快速地找到感兴趣的峰位，并进行后续的分析和处理。此外，用户还可以手动调整峰位标注的位置和大小，以满足自己的需求。为了方便用户进行后续的数据处理和分析，Run WinPLOTR-2006 工具支持将生成的图谱和数据导出为多种格式的文件，如图片、PDF、CSV 等。这些文件可以在其他软件或平台上进行查看和处理，方便用户与同事或合作伙伴分享数据和分析结果。此外，Run WinPLOTR-2006 还支持将数据直接导出到 Excel 等表格软件中，便于用户进行进一步的数据统计和分析。Run WinPLOTR-2006 工具在设计上充分考虑了用户友好性和交互性。它拥有简洁明了的用户界面和直观易用的操作方式，使用户能够轻松上手并快速掌握各项功能。同时，Run WinPLOTR-2006 还提供了丰富的帮助文档和在线支持服务，帮助用户解决在使用过程中遇到的问题和困难。Fullprof 的 Run WinPLOTR-2006 工具是一款功能强大的粉末衍射数据分析工具。它不仅能够提供直观的数据可视化和丰富的图形编辑功能，还支持精确的峰位识别与标注以及方便的数据导出与分享。同时，友好的用户界面和操作体验使得用户能够轻松上手并高效地完成数据分析工作。

图 3.22 是 Run FpStudio 工具及其展开，Run FpStudio 工具作为 Fullprof 的一个重要组成部分，为用户提供了一个直观、高效的工作环境。Run FpStudio 工具拥有直观且用户友好的图形界面，使用户可以轻松地完成粉末衍射数据的加载、处理和分析。界面设计简洁明了，功能布局合理，用户能够快速找到所需的功能模块，并通过简单的操作完成复杂的数据处理任务。Fullprof Studio（FpStudio）程序的 2.0 版本随 Fullprof 套件的当前版本一起分发。FpStudio 程序是为了可视化晶体和磁结构而开发的。该程序由 Laurent Chapon（ISIS，RAL）编写，它基于 WCrysFGL（Laurent Chapon 和 Juan Rodríguez-Carvajal）和 CrysFML（Juan Rodríguez-Carvajal 和 Javier González-Platas）的 Fortran 95 晶体学库。这是 ILL（法国格勒诺布尔）和 ISIS（英国迪德考特）之间在数据处理方面非正式合作的结果，旨在为使用衍射技术进行结构研究的科学界免费提供有用的工具。该程序使用了 Winteracter 库（Interactive Software Services Ltd.）和 OpenGL。除了数据分析功能外，Run FpStudio 工具还提供了灵活的图形绘制与编辑功能，它还可以作为研究论文的插图或报告中的展示内容。它拥有直观的用户界面、全面的数据导入与处理功能、强大的数据拟合与分析功能、灵活的图形绘制与编辑功能以及方便的数据导出与分享功能。

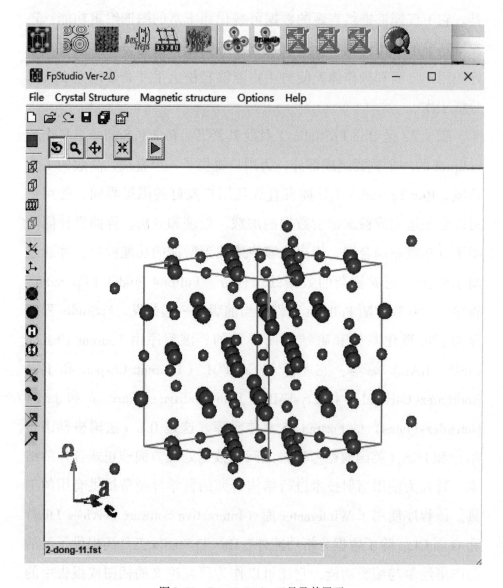

图 3.22　Run FpStudio 工具及其展开

图 3.23 是 Run GFourier 工具及其展开。GFourier 工具用于计算任意对称性的晶体内单元格中的散射密度。

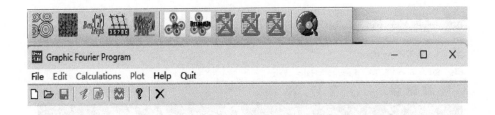

图 3.23　Run GFourier 工具及其展开

图 3.24 是 Run BondStr 工具及其展开。Run BondStr 工具是该软件的一个重要组成部分，主要用于分析晶体结构中原子之间的键长和键角，从而帮助研究人员深入理解晶体的结构和性质。

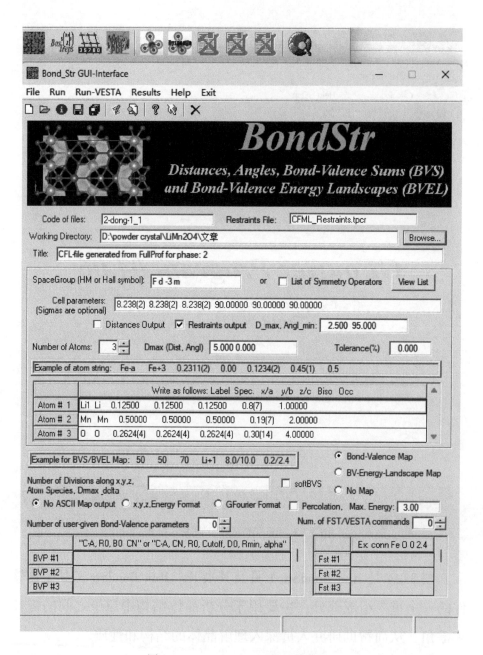

图 3.24 Run BondStr 工具及其展开

Run BondStr 工具的基本功能是根据输入的晶体结构数据和原子坐标，自动计算并输出晶体中所有原子对之间的键长和键角。这些计算结果可以直观地展示晶体中原子之间的相对位置和连接方式，为研究人员提供重要的结构信息。Run BondStr 工具的计算原理基于晶体学的基本原理和数学方法。它首先根据输入的晶体结构数据确定晶胞的尺寸和形状，然后遍历晶胞中所有的原子对，利用向量运算和三角函数等数学知识计算每个原子对之间的键长和键角。这些计算结果通过表格或图形的方式输出，方便用户进行后续的分析和比较。Run BondStr 工具能够自动读取晶体结构数据和原子坐标，无需用户手动输入。同时，它还能够自动计算并输出所有原子对之间的键长和键角，大大减轻了用户的计算负担。Run BondStr 工具采用先进的数学算法和计算技术，能够确保计算结果的精度和准确性。这对于需要高精度分析晶体结构的研究人员来说非常重要。Run BondStr 工具支持多种输出方式，包括表格、图形等。这些输出方式能够直观地展示晶体中原子之间的相对位置和连接方式，方便用户进行后续的分析和比较。Run BondStr 工具允许用户根据自己的需求进行定制化的设置，如选择需要计算的原子对、设置计算精度等。这些定制化的设置能够满足不同用户的需求，提高软件的灵活性和可用性。使用 Fullprof 软件中的 Run BondStr 工具来完成这一任务。首先，用户需要将晶体结构数据和原子坐标输入到软件中，并选择合适的计算参数。然后，只需点击"运行"按钮，软件就会自动计算并输出所有原子对之间的键长和键角。最后，可以通过表格或图形的方式查看这些计算结果，并据此进行深入的分析和比较。它能够帮助研究人员快速、准确地计算晶体中原子之间的键长和键角，并提供直观的输出结果。通过使用该工具，研究人员可以深入了解晶体的结构和性质。

图 3.25 是 Run Baslreps 工具及其展开。Run Baslreps 工具是该软件的一个重要组成部分，主要用于生成和可视化基础晶格表示（basic lattice representations，Baslreps）的图形，帮助研究人员更好地理解晶体的结构和对称性。Run Baslreps 工具是一个图形化工具，它允许用户输入晶体结构数据和参数，然后自动生成基础晶格表示（Baslreps）的图形。这些图形可以直观地展示晶体的晶胞结构、原子排列以及对称性等信息，是晶体结构分析的重要辅助工具。Run Baslreps 工具能够自动读取晶体结构数据，并根据用户选择的参数自动生成 Baslreps 图形。用户无需手动计算或绘制，大大提高了工作效率。生成的 Baslreps 图形以直观的方式展示了晶体的结构和对称性。用户可以通过图形来观察晶胞的形状、大小、原子位置以及对称性等信息，便于对晶体结构进行深入分析。Run Baslreps 工具允许用户根据自己的需求定制生成图形的参数。例如，用户可以选择不同的投影方向、缩放比例、颜色方案等，以便更好地展示晶体的结构和对称性。生成的 Baslreps 图形可以导出为多种文件格式，如 PDF、PNG、SVG 等。用户可以根据需要选择合适的文件格式进行保存和分享。Run Baslreps 工具支持用户与生成的图形进行交互。用户可以通过鼠标或键盘操作来旋转、缩放和平移图形，以便从不同角度观察晶体的结构和对称性。Fullprof 的 Run Baslreps 工具是一款功能强大的晶体结构分析工具，它能够帮助研究人员快速生成和可视化基础晶格表示的图形，从而深入了解晶体的结构和对称性。通过使用该工具，研究人员可以更加直观地观察和分析晶体结构。

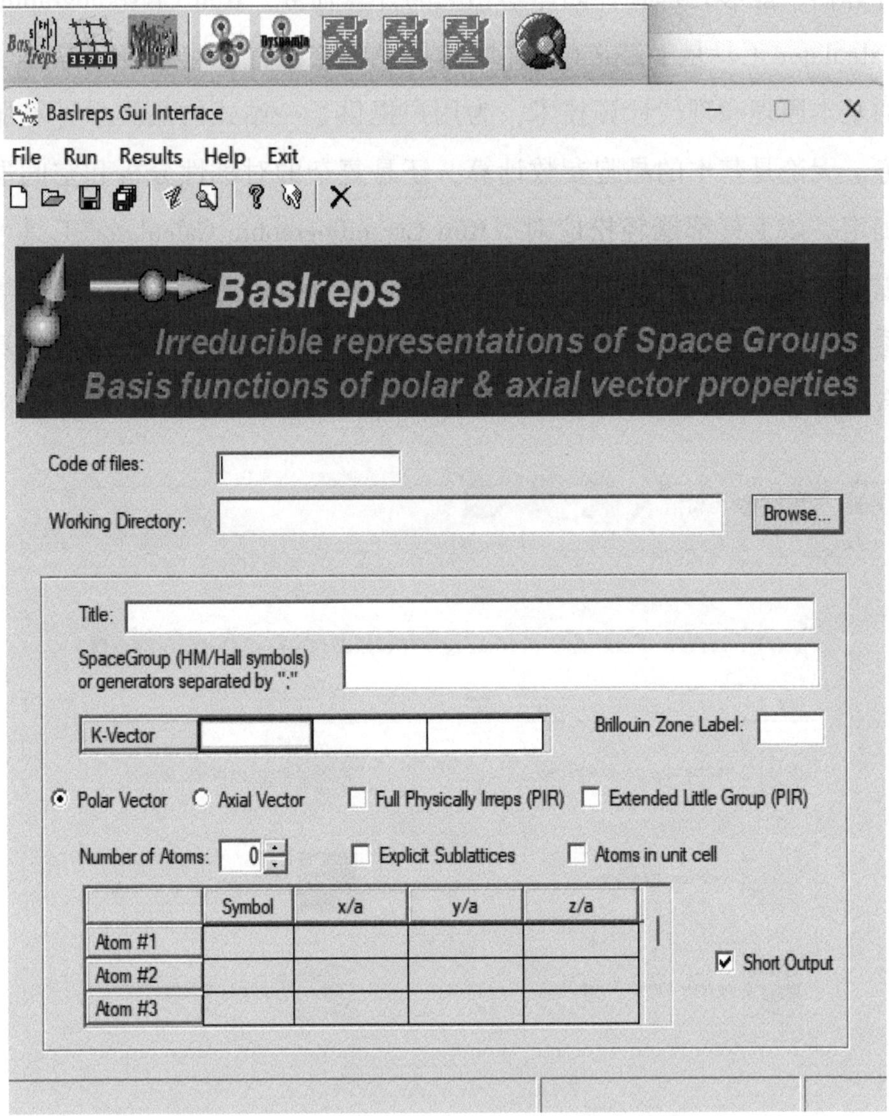

图 3.25 Run BasIreps 工具及其展开

图 3.26 是 Run Crystallographic Calculator 工具及其展开。Run Crystallographic Calculator 工具为研究人员提供了一个功能强大的晶体学

计算器，能够处理各种晶体学相关的计算任务。Run Crystallographic Calculator 工具是 Fullprof 软件中的一个核心组件，它结合了晶体学的基本原理和现代计算技术，为用户提供了一站式的晶体学计算服务。无论是基本的晶胞参数计算，还是复杂的对称性分析和空间群确定，该工具都能轻松应对。Run Crystallographic Calculator 工具可以根据输入的衍射数据或原子坐标，自动计算晶胞的边长、角度等参数。这些参数是描述晶体结构的基础，对于后续的分析和模拟具有重要意义。该工具能够分析晶体结构的对称性，并根据对称性确

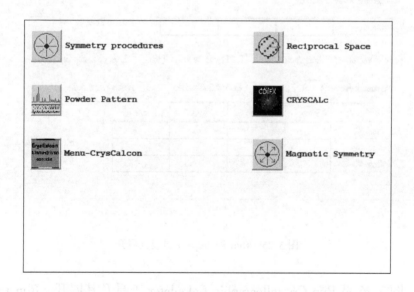

图 3.26　Run Crystallographic Calculator 工具及其展开

定晶体的空间群。空间群是描述晶体对称性的重要工具，它对于理解晶体的物理和化学性质具有重要意义。Run Crystallographic Calculator 工具还支持晶面、晶向和倒易空间的计算。这些计算是晶体学中的基本概念，对于理解晶体的衍射现象和性能具有重要意义。该工具还提供了原子坐标变换的功能，可以根据用户指定的变换矩阵或对称性操作，对原子坐标进行变换。这对于研究晶体中的缺陷、相变等现象具有重要意义。除了数值计算外，Run Crystallographic Calculator 工具还支持图形化展示计算结果。通过直观的图形，用户可以更加清晰地理解晶体结构的特征和性质。该工具具有简洁明了的用户界面和易于上手的操作流程，用户无需具备专业的晶体学知识即可轻松使用。Fullprof 的 Run Crystallographic Calculator 工具是一个功能强大的晶体学计算器，能够为研究人员提供从晶胞参数计算到对称性分析和空间群确定等一系列晶体学相关的计算服务。通过使用该工具，研究人员可以更加深入地理解晶体的结构和性质。

图 3.27 是 Run the program MolPDF 工具及其展开。Run the program MolPDF 工具是该软件的一个重要组成部分，它专注于对晶体结构的分子势密度函数（molecular potential density function, MolPDF）进行计算和分析。Run the program MolPDF 工具通过计算晶体结构的分子势密度函数，为研究人员提供了关于晶体中原子间相互作用的重要信息。MolPDF 是一个描述晶体中电子密度分布的函数，它包含了晶体结构中的化学键、原子间相互作用以及电子云分布等关键信息。通过分析和解释 MolPDF，研究人员可以深入理解晶体的物理和化学性质。Run the program MolPDF 工具的核心功能是

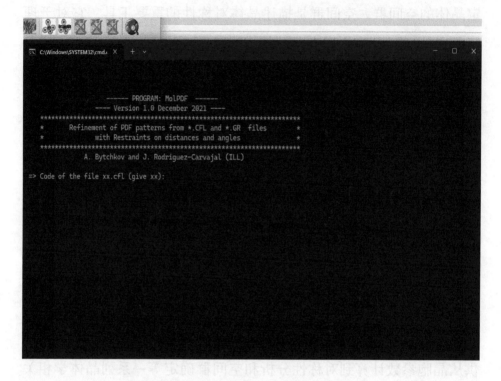

图 3.27 Run the program MolPDF 工具及其展开

根据输入的晶体结构数据和参数，计算并输出晶体结构的分子势密度函数。这个函数以三维空间中的电子密度分布形式呈现，直观地展示了晶体中电子的分布情况。生成的 MolPDF 可以通过图形化界面进行展示，研究人员可以直观地观察晶体中电子密度的分布和变化。这种可视化方式有助于研究人员快速识别晶体结构中的关键特征和异常现象。除了简单的展示功能外，Run the program MolPDF 工具还提供了丰富的分析功能。例如，可以计算电子密度的平均值、方差等统计量，以量化评估晶体中电子分布的均匀性和稳定性。此外，还可以对电子密度进行差分分析，以识别晶体结构中的化学键和原子间相互作用。生成的 MolPDF 数据可以导出为多种文件格式，如文本文件、图像文件等。这方便了研究人员与其他软件或平台进行数据交换和共享。Run the program MolPDF 工具允许用户根据自己的需求定制计算参数。例如，可以选择不同的计算精度、网格大小等参数，以适应不同晶体结构和研究需求。Fullprof 的 Run the program MolPDF 工具是一个功能强大的晶体结构分析工具，它能够通过计算和分析晶体结构的分子势密度函数（MolPDF），为研究人员提供关于晶体中原子间相互作用的重要信息。该工具具有计算精确、可视化展示、丰富分析功能和参数可定制等特点，能够满足不同研究需求。通过使用该工具，研究人员可以更加深入地理解晶体的物理和化学性质。

第 4 章 应 用

4.1 将 CIF 文件转换为 PCR 控制文件

CIF 文件是一种标准的晶体结构文件格式，它包含了晶体的原子坐标、晶胞参数、空间群等关键信息。这些信息对于模拟和分析粉末衍射数据至关重要。CIF 文件是一种常见的晶体结构文件格式，而 Fullprof 是一款强大的粉末衍射数据处理软件。将 CIF 文件转换为 Fullprof 的 PCR 控制文件，可以帮助更好地模拟和分析粉末衍射数据。详细步骤说明如下。

（1）打开 Fullprof 软件

（2）点击 EDPCR 按钮

在软件界面中，找到并点击 EDPCR 按钮。这个按钮位于工具栏中，用于创建和编辑 PCR 文件。图 4.1 是 EDPCR 窗口。

（3）创建新的 PCR 文件

点击 Cif-Pcr 按钮后，一个新的窗口会随之弹出，这便是 PCR 编辑窗口（图 4.2），专为创建和编辑 Fullprof 的 PCR 文件而设计。在这个窗口中，可以方便地执行 CIF 文件的导入与 PCR 文件的创建操作。接下来，点击窗口内的 Cif 按钮，选择并输入"$LiFePO_4$. CIF"文件。一旦文件被正确导入，将在界面上直接看到 $LiFePO_4$ 晶体的详细参数和空间群信息（图 4.3），这些信息对于后续的模拟和分析至关重要。若需要进一步了解 $LiFePO_4$ 晶体的原子参数，只需点击 Atoms

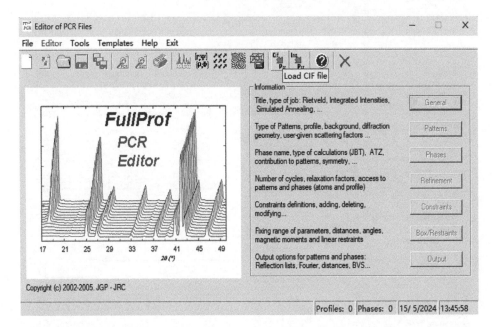

图 4.1　EDPCR 窗口

Information 按钮，PCR 编辑窗口便会切换到原子参数显示界面（图 4.4）。在这个窗口中，可以清晰地看到 $LiFePO_4$ 晶体中各个原子的坐标、类型以及占据比例等详细信息。这些参数将为粉末衍射数据的模拟和分析提供有力的支持。

(4) 设置 PCR 文件参数

点击 OK 按钮后，将进入如图 4.5 所示的窗口。这个窗口是用于设置 PCR 文件参数的关键界面。接下来，点击 General 按钮，弹出如图 4.6 所示的详细设置窗口。在这个窗口中，可以根据实际的研究需求进行选择。在此例中，选择了 Refinement/Calculation of a Powder Diffraction Profile 单选按钮，这一选项允许对粉末衍射进行精修或计算，从而为晶体结构分析提供准确的数据支持。

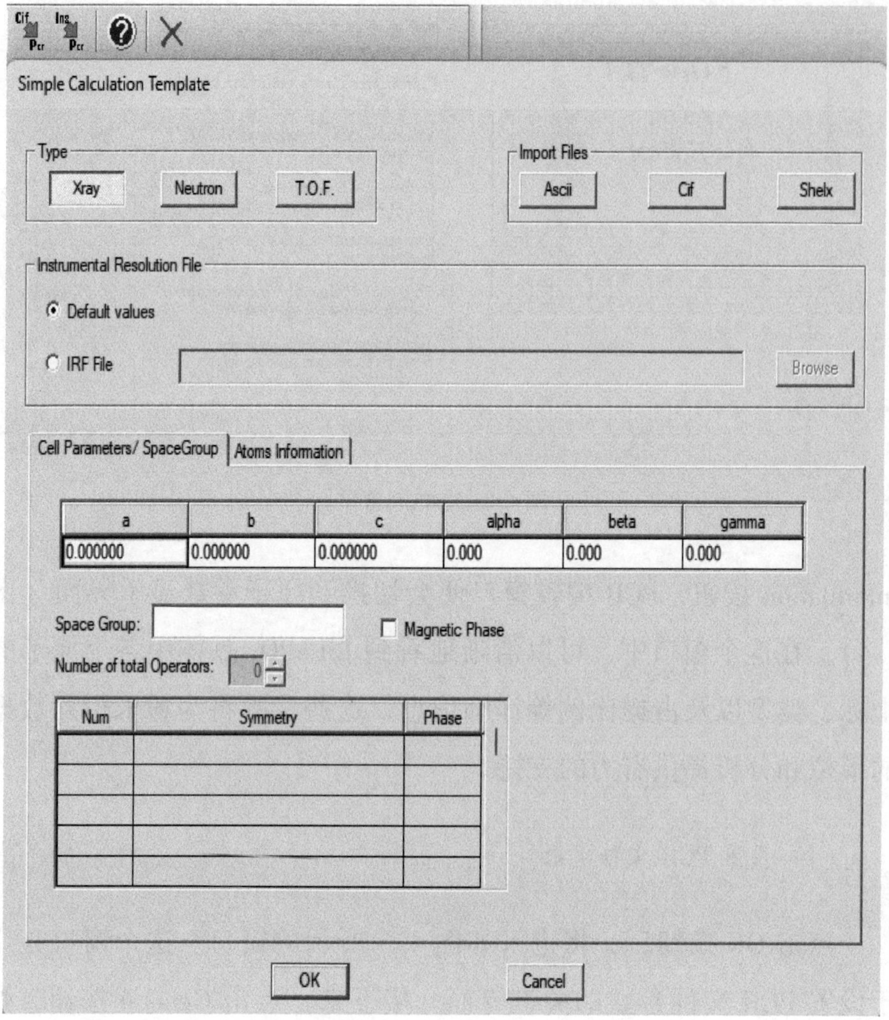

Cif Pcr
Ins Pcr
Simple Calculation Template
Type
Xray
Neutron
T.O.F.
Import Files
Ascii
Cif
Shelx
Instrumental Resolution File
Default values
IRF File
Browse
Cell Parameters/ SpaceGroup
Atoms Information
a
b
c
alpha
beta
gamma
0.000000
0.000000
0.000000
0.000
0.000
0.000
Space Group:
Magnetic Phase
Number of total Operators:
0
Num
Symmetry
Phase
OK
Cancel

图 4.2　PCR 编辑窗口

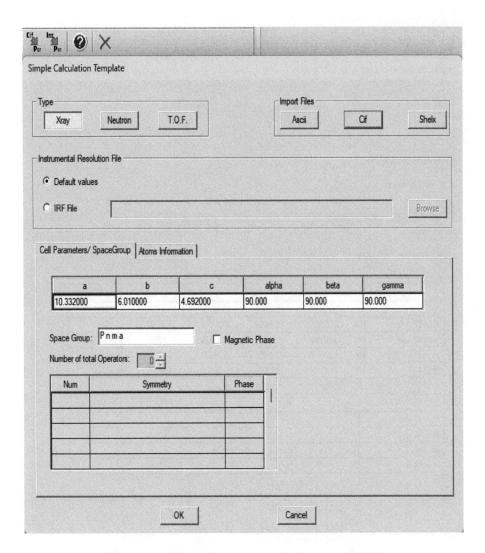

图 4.3　PCR 编辑窗口中 LiFePO$_4$ 晶体参数和空间群信息

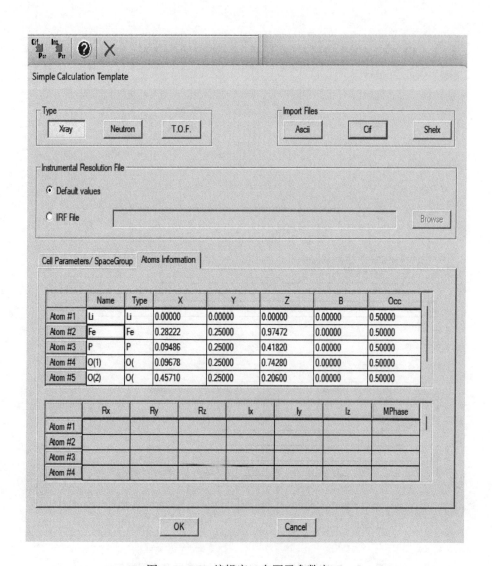

图 4.4　PCR 编辑窗口中原子参数窗口

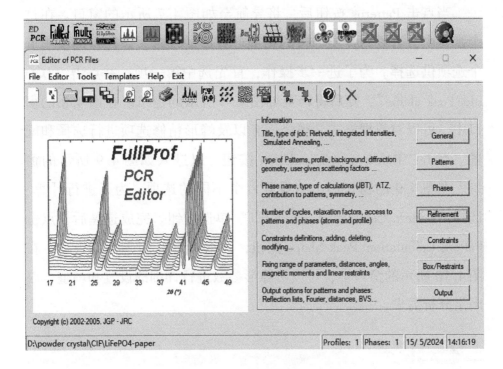

图 4.5 PCR 编辑窗口

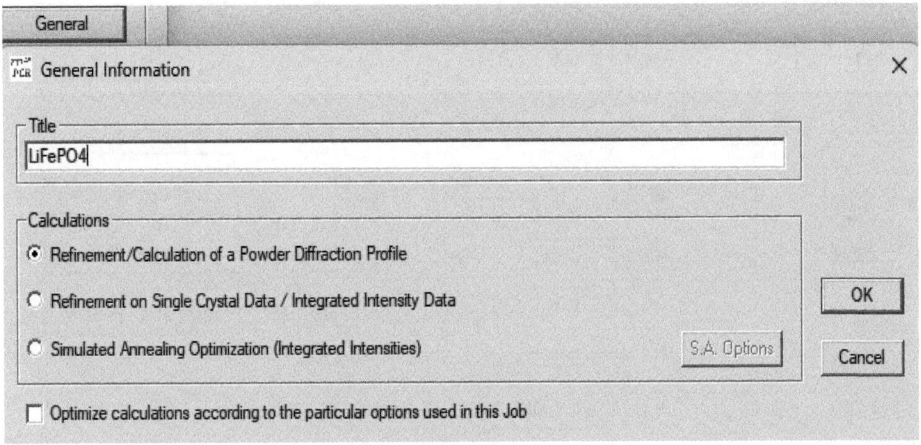

图 4.6 PCR 编辑窗口中 General 窗口

当点击 Patterns 按钮后，将导航至如图 4.7 所示的窗口。在这个窗口中，可以对需要分析的相进行详细的设置。该窗口提供了五个选项供选择。为了进一步操作，首先选中第一项，并点击"Data file/Peak shape"，随后将转至如图 4.8 所示的窗口。在图 4.8 的窗口中，可以对数据格式、精修任务以及峰形精修选项进行选择和配置。点击"Refinement/Simulation 按钮，以进入如图 4.9 所示的窗口。在图 4.9 的窗口中，将看到六个不同的选项。为了进行计算，选择"Pattern Calculation（X-Ray）"单选按钮。完成选择后，点击 Pattern Calculation/Peak Shape 按钮，弹出如图 4.10 所示的窗口。在图 4.10 所示的窗口中，可以对峰形参数进行详细的设置和调整，以满足分析需求。

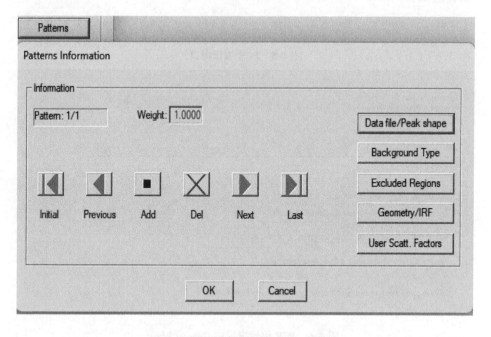

图 4.7　PCR 编辑窗口中 Patterns 窗口

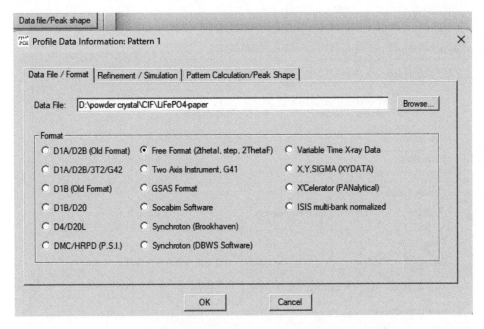

图 4.8　Data file/Peak shape 窗口

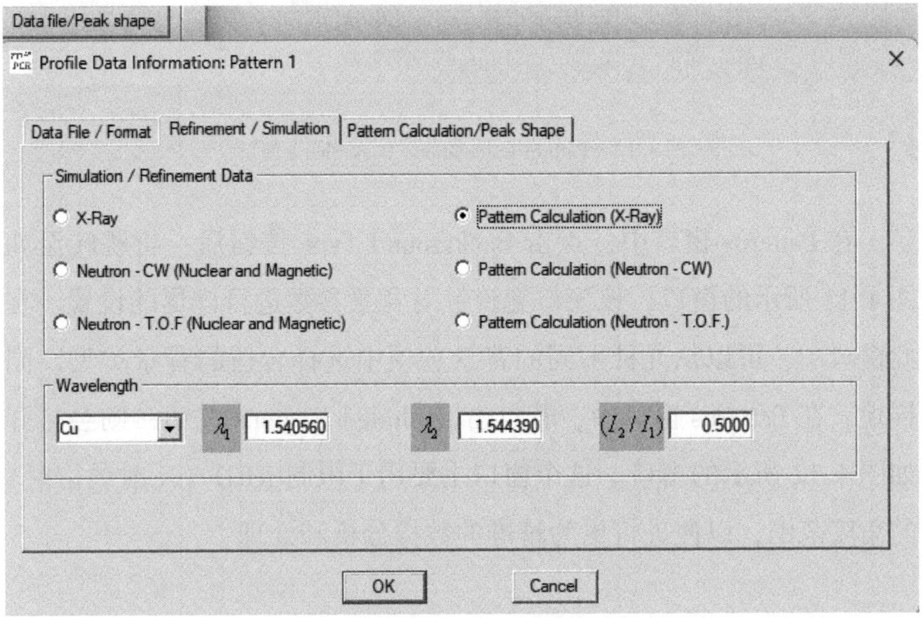

图 4.9　Refinement/Simulation 窗口

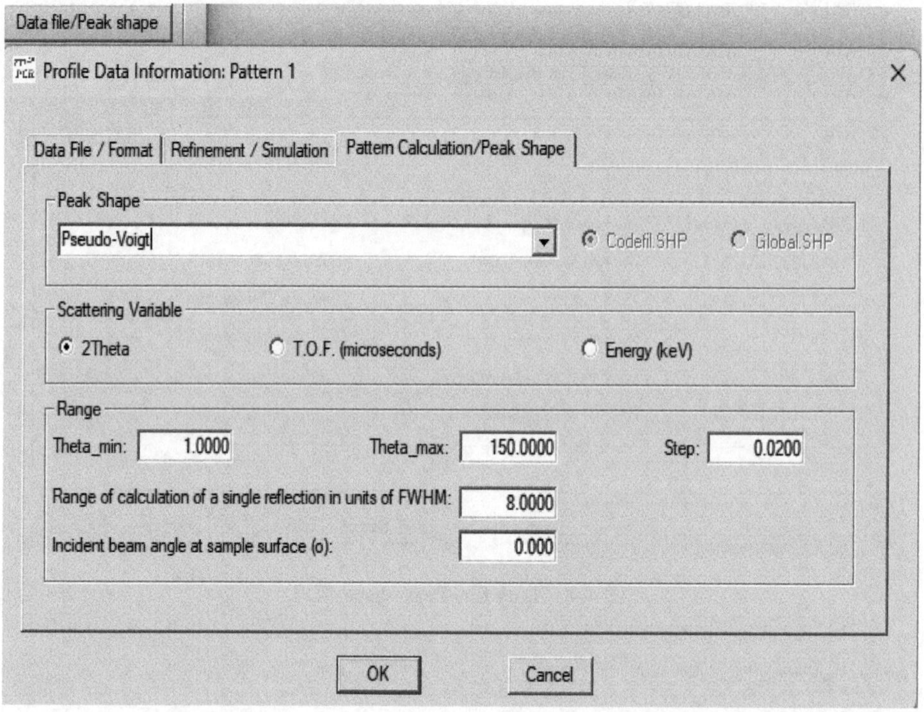

图 4.10　Pattern Calculation/ Peak Shape 窗口

　　在 Patterns 窗口中，点击 Background Type 按钮后，将跳转至如图 4.11 所示的窗口，该窗口允许针对背景参数进行详尽的设置。在此窗口中，可以从九种不同的背景选项中选择合适的背景类型。同样地，在 Patterns 窗口中，若点击 Excluded Regions 按钮，则会打开如图 4.12 所示的窗口。这个窗口主要用于限制 XRD（X 射线衍射）的角度范围，以便进行更为精准的数据分析和处理。

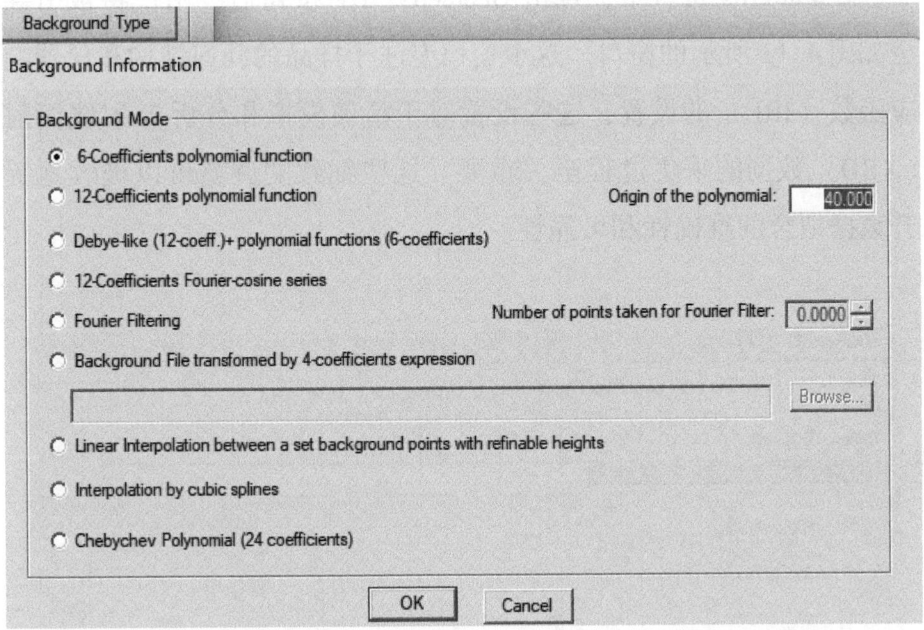

图 4.11 Background Type 窗口

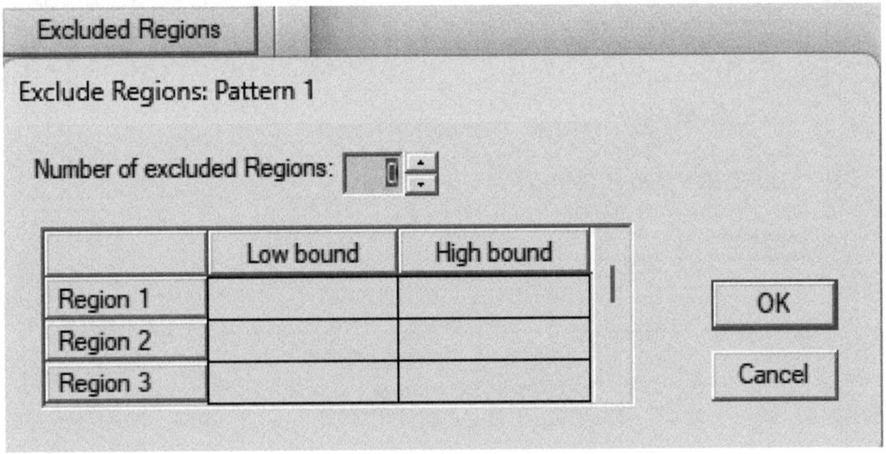

图 4.12 Excluded Regions 窗口

在 Patterns 窗口中，点击 Geometry/IRF 按钮后，用户将被引导至如图 4.13 所示的窗口。这个窗口专注于样品的几何结构和仪器响应函数（IRF）的设置，这些设置对于精确模拟和分析 X 射线衍射（XRD）数据的采集过程至关重要。这些细致的调整可以极大地提升数据拟合的准确性和可靠性。

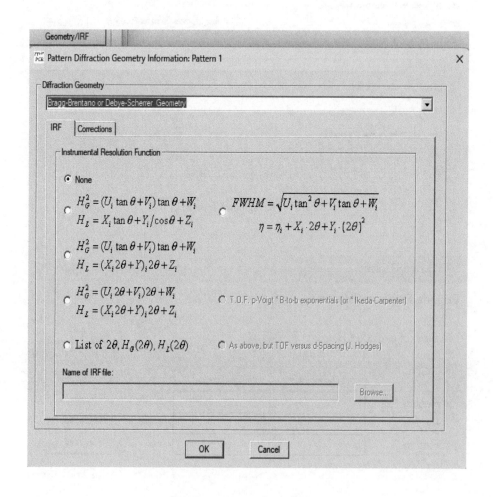

图 4.13　Geometry/IRF 窗口

第 4 章 应 用

若在"Geometry/IRF"窗口中进一步点击 Corrections 按钮，则会打开如图 4.14 所示的窗口。该窗口旨在让用户能够对 X 射线衍射数据进行各种必要的校正，包括但不限于外部校正、吸收校正和择优取向等，以确保数据分析的精确性和可靠性，从而得出更精确的晶体结构信息。

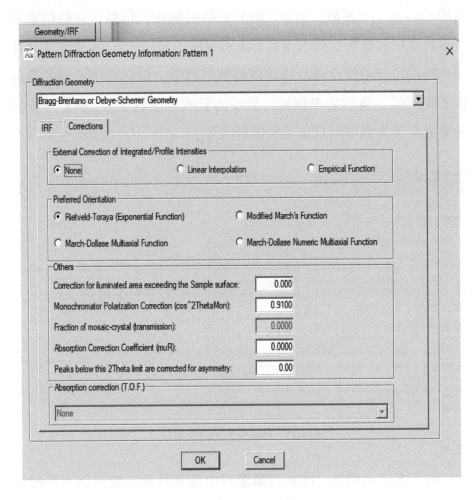

图 4.14　Corrections 窗口

另外，当在 Patterns 窗口中点击 User Scatt. Factors 按钮时，将进入如图 4.15 所示的窗口。User Scatt. Factors（用户散射因子）指用户可以根据需要自定义或调整的散射因子（scattering factors），这些因子详细描述了不同元素在 X 射线衍射中的散射能力，并直接影响衍射峰的强度和形状。在 X 射线衍射中，散射因子（或称为原子散射因子）是一个复数，包含了散射的幅度和相位信息，这些信息对于准确模拟和解析衍射图谱具有不可或缺的作用。Fullprof 软件允许用户根据实验条件或样品特性调整散射因子，包括使用不同的散射因子数据集（例如基于理论计算或实验测量的数据），或者对特定元素或原子类型应用自定义的散射因子。

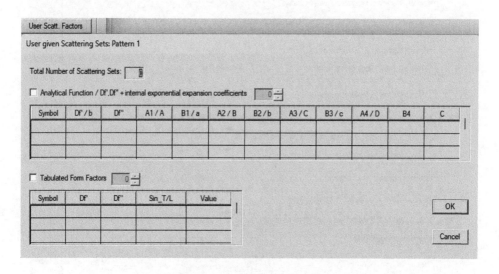

图 4.15　User Scatt. Factors 窗口

除了上述功能外，PCR 编辑窗口中还有其他五项可以调整的设置，这些将在后续章节中详细介绍。

(5) 保存 PCR 文件

参数设置完成后，需要将 PCR 文件保存到计算机的指定位置。在保存时，需要注意选择正确的文件格式（通常为.pcr）和保存路径。点击 Save 按钮或类似选项进行保存操作。

(6) 注意事项

在转换过程中，需要注意文件格式和文件路径的正确性；

在设置 PCR 文件参数时，需要根据实际的实验条件和数据情况进行合理的选择；

在保存 PCR 文件时，需要注意选择正确的文件格式和保存路径。

通过以上步骤的介绍和操作说明，可以将 CIF 文件成功转换为 Fullprof 的 PCR 控制文件。这将有助于更好地模拟和分析粉末衍射数据，进而获取晶体的结构信息。在操作过程中，需要注意文件格式、文件路径的正确性以及 PCR 文件参数的合理设置。

4.2　粉末衍射图索引

用 WinPLOTR 中的 TREOR90 和 DICVOL04 程序。使用 Le Bail 方法自动生成 Fullprof 所需的 PCR 文件。在 Fullprof 运行后，使用 CheckGroup 程序确定可能的空间群，以提取积分强度。

确保已经安装了 WinPLOTR、Fullprof 和 CheckGroup 等软件，

并且已经收集了需要进行结构分析的 X 射线衍射数据文件。

启动 WinPLOTR 软件,并进入如图 4.16 所示的窗口。随后,加载 X 射线衍射数据文件,以便进一步分析。加载完成后,将进入如图 4.17 所示的窗口。在如图 4.17 所示的窗口中,点击 Points Selection 菜单下的 Automatic Peak Search 选项,这将引导至如图 4.18 所示的窗口。确认设置无误后,点击 OK 按钮,进入如图 4.19 所示的窗口。在此窗口中,会发现已经自动选中了 18 个峰。接下来,依次点击 Point selection 按钮、Save as 按钮以及 Save Points for DICVOL06 按钮。完成这些操作后,将跳转至如图 4.20 的窗口。在这里,再次点击 Save Points for DICVOL06 按钮,进入 DICVOL06 参数设置的窗口(图 4.21)。设置好 DICVOL06 的相关参数后,启动该程序。一旦运行完成,将看到如图 4.22 所示的窗口,其中包含了该晶体的晶胞参数和对称性的详细信息。确认无误后,点击 OK 按钮。最后,将看到 DICVOL06 运行后生成的三个文件窗口(图 4.23)。仔细检查这些输出结果,并选择最适合后续分析的晶胞参数作为输入数据。

接下来使用 Le Bail 方法生成 PCR 文件,打开 Fullprof 软件,选择使用 Le Bail 方法进行结构精修。Le Bail 方法是一种用于粉末衍射数据的全谱拟合方法,可以自动确定相的比例和晶胞参数。将之前通过 DICVOL06 确定的晶胞参数输入 Fullprof 中,并设置其他必要的参数,如相的数量、背景等。运行 Fullprof 的 Le Bail 方法,它会自动分析数据并输出 PCR(profile comparison and refinement)文件。这个文件包含了用于后续结构精修的参数和指令。

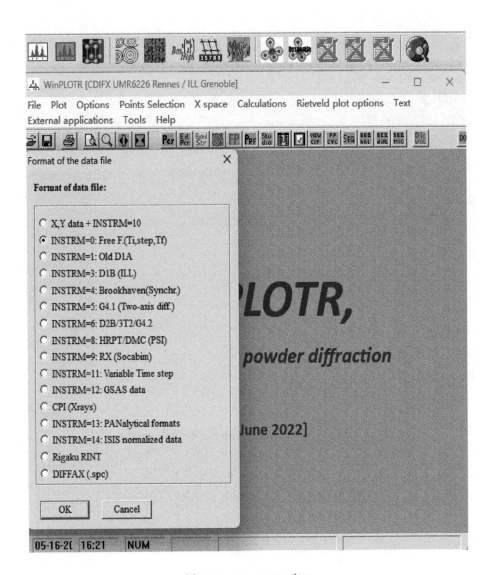

图 4.16 WinPLOTR 窗口

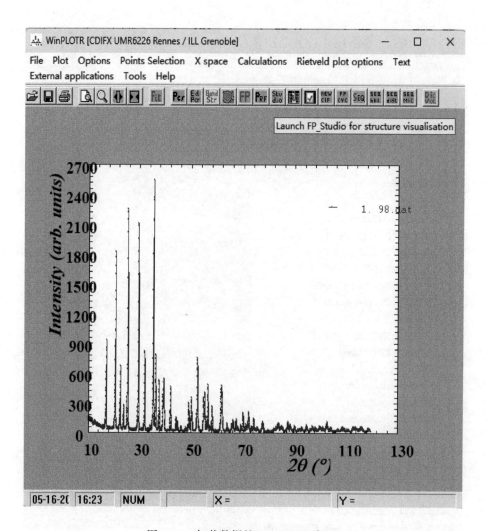

图 4.17 加载数据的 WinPLOTR 窗口

第4章 应 用

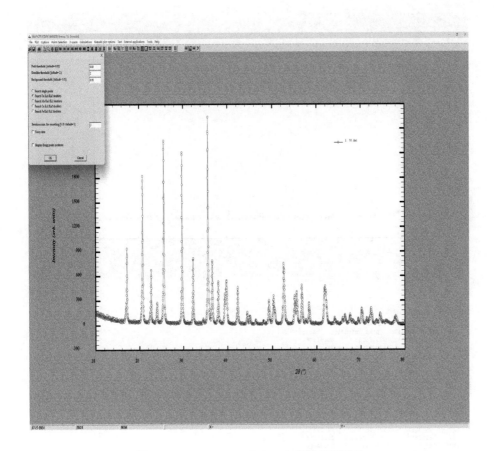

图 4.18　Automatic Peak Search 参数设置窗口

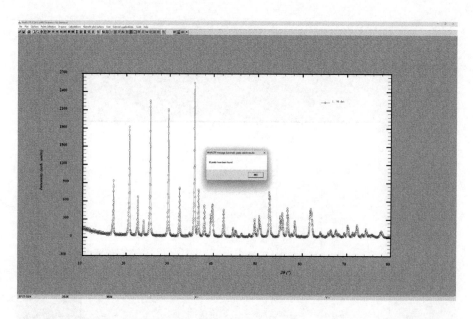

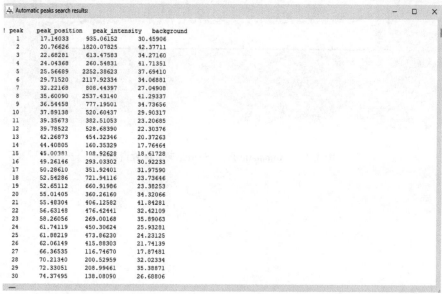

图 4.19 Automatic Peak Search 结果窗口

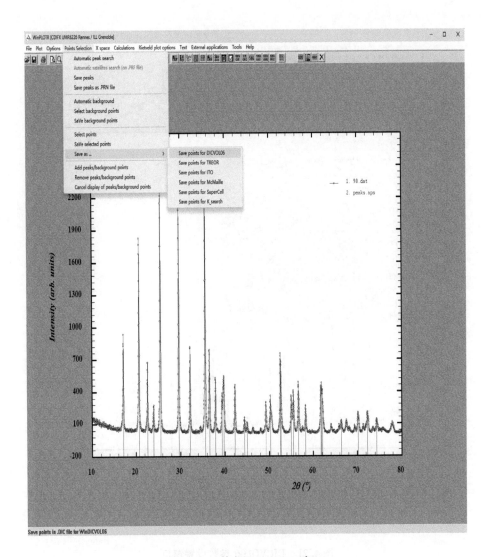

图 4.20 执行 DICVOL06 窗口

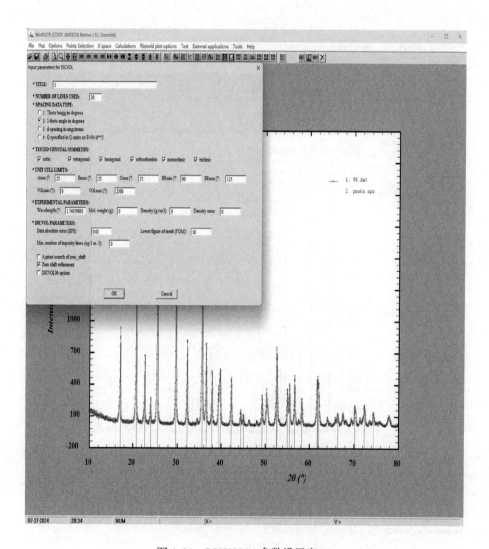

图 4.21 DICVOL06 参数设置窗口

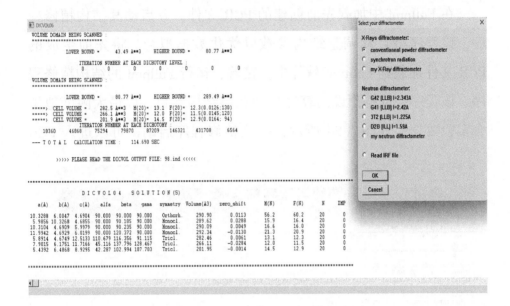

图 4.22　DICVOL06 运行结果窗口

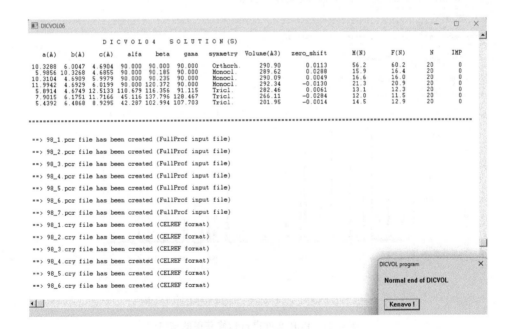

图 4.23　DICVOL06 运行后获得三个文件窗口

在 Fullprof 中加载先前创建的 PCR 文件，并启动其结构精修程序，该程序将自动调整结构参数以优化数据拟合。将先前生成的 PCR 文件加载到 Fullprof 软件中。接着，运行 Fullprof 的结构精修程序。该程序会依据预设的算法自动调整结构参数，以最大限度地拟合实验数据。如图 4.24 所示，一旦精修程序启动，可以进入 PCR

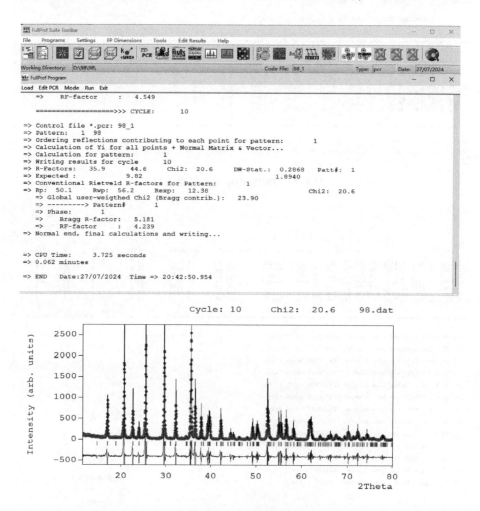

图 4.24　PCR 文件进行精修获得的窗口

编辑器界面。在此界面中，找到并点击 Refinement 按钮，将进入如图 4.25 所示的窗口。在此窗口中，可以监控精修过程的实时状态。在该窗口内，再次点击 Profile 按钮，将进入到另一个窗口（图 4.26），该窗口允许对精修过程中的各种参数进行手动调整或进一步优化。在这个窗口中，可以根据需要对不同的参数进行精修，以改善数据拟合的质量。精修完成后，结果如图 4.27 所示，显示出优化后的数据拟合情况和相应的结构参数。仔细检查 Fullprof 输出的结构精修结果。这些结果可能包含有关晶胞参数、空间群等关键信息，它们对于理解材料的晶体结构和性质至关重要。最后，不要忘记保存 Fullprof 的结构精修结果。这些结果将为后续的研究提供有价值的参考数据。

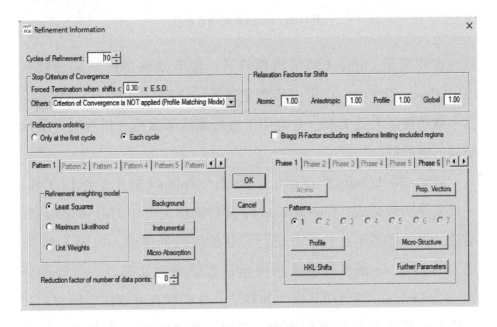

图 4.25　Refinement 控制参数窗口

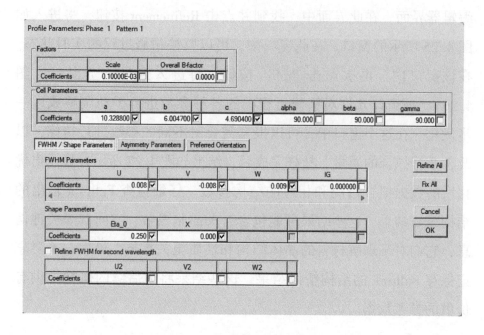

图 4.26 Profile 控制参数窗口

在完成了 Fullprof 的结构精修后，接下来将精修结果加载到 CheckGroup 程序中，以进一步确定晶体结构的空间群。CheckGroup 是一款功能强大的工具，专门用于根据晶体学数据分析并确定晶体结构的空间群。

启动 CheckGroup 程序后，需要导入 Fullprof 输出的结构文件。一旦文件加载完成，CheckGroup 将自动解析文件中的晶体学信息。随后，程序将基于这些信息进行详尽的空间群搜索，如图 4.28 所示，CheckGroup 的窗口将展示搜索过程的实时状态。一旦搜索开始，CheckGroup 将运用其强大的算法，分析所有可能的空间群，并与输入的晶体学数据进行比对。最终，程序将基于数据拟合的优劣，给出最可能的空间群匹配结果，如图 4.29 所示。

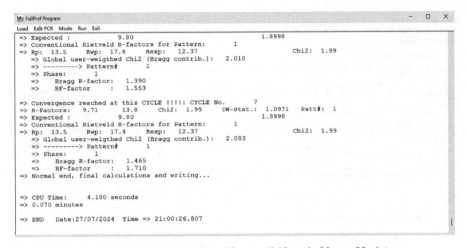

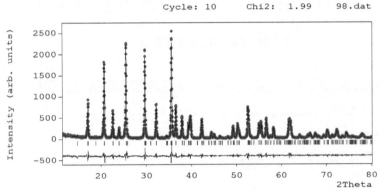

图 4.27　精修结果窗口

通过 CheckGroup 的精确分析，可以更准确地确定晶体的空间群，为后续的研究工作提供有力支持。

验证提取的积分强度数据和确定的空间群是否符合预期，可以与其他实验数据或文献报道进行比较。将整个分析过程和结果编写成详细的报告。报告中应包括使用的软件、参数设置、结果分析和结论等。注意，由于软件的复杂性和数据的多样性，上述步骤可能需要根据具体情况进行调整。在实际操作中，建议参考相关软件的官方文档或教程以获取更详细和准确的指导。

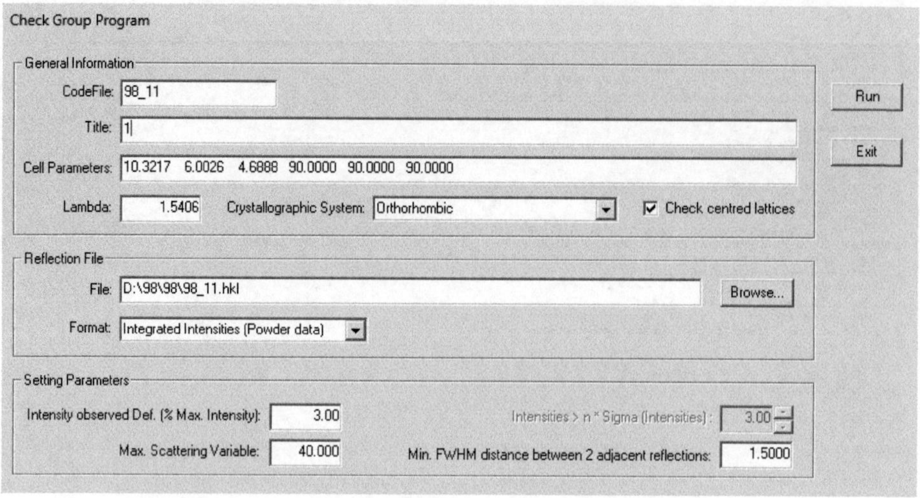

图 4.28 CheckGroup 程序窗口

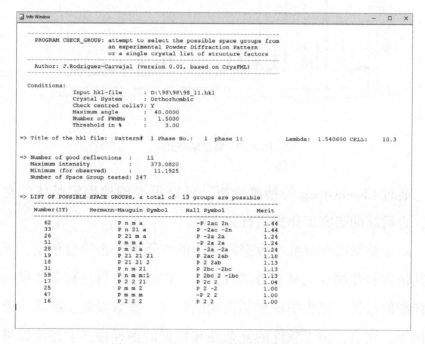

图 4.29 CheckGroup 程序运行结果窗口

4.3 磷酸铁锂晶体的结构精修

在开始 Fullprof 结构精修之前，首先需要准备好相关的数据和文件，包括实验得到的 X 射线粉末衍射数据（通常以 .dat 或 .raw 等格式存储）以及可能的晶体结构模型文件（如 cif 文件）。这些文件将作为精修的基础数据。

打开 Fullprof 软件，并导入实验数据文件。Fullprof 支持多种数据格式，但通常需要将其转换为软件能够识别的格式。对数据进行预处理，包括背景扣除、平滑处理、峰位识别等步骤。这些步骤有助于提高数据质量，减少后续精修的难度（注意：一般不要进行数据预处理，在特殊情况下可以）。

通过 CIF 转化为 PCR 格式，直接将其导入 Fullprof 中作为初始模型。否则，需要根据实验数据手动构建初始模型。设置初始模型的参数，包括晶胞参数、原子坐标、占位率等。这些参数将作为精修的起点。

Fullprof 结构精修过程涉及两大类参数：全局参数和相参数。全局参数包括零点、仪器参数、样品吸收等；相参数主要有晶胞参数和原子坐标等。精修过程一般分为两步：先修正图形参数，再修正结构参数。图形参数主要包括峰形函数和背景函数等。在 Fullprof 中，常用的峰形函数有 pseudo-Voigt 和 Pearson VII 等。通过调整这些函数的参数，可以优化峰形和背景，提高数据拟合的质量。这一步骤通常涉及多次迭代和优化。在图形参数修正完成后，开始修正结构参数。结构参数主要包括晶胞参数和原子坐标等。通过调整这些参数，可以优化晶体结构的模型，使其更好地符合实验数据。这一步骤同样需要多次迭代和优化。

在完成了 CIF 文件到 PCR 文件的转换后，接下来将转化得到的 PCR 文件导入 Fullprof 程序中。启动 Fullprof，并点击 PCR 编辑器，随后将进入如图 4.30 所示的窗口。鉴于前两项设置在 4.2 节已经有详尽的介绍，现在将焦点转向后续步骤。点击 Refinement 按钮，将切换到如图 4.31 所示的窗口。在此窗口内，首要任务是设置背景参数。为了更精确地设置背景，打开 WinPLOTR 软件，并加载相应的数据文件，如图 4.32 所示。在 WinPLOTR 中，点击 Points Selection 选项，接着选择 Automatic Background 功能，软件将自动识别并计算背景数据，结果如图 4.33 所示。确认无误后，点击 OK 按钮，进入

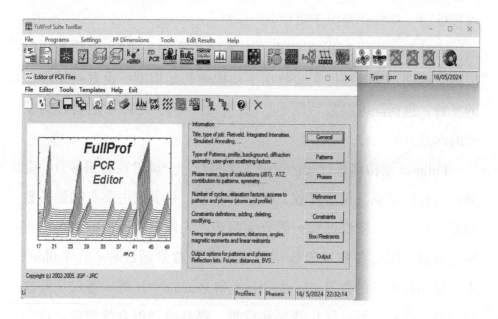

图 4.30　PCR 编辑器窗口

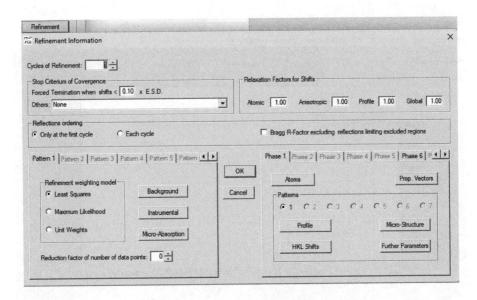

图 4.31　Refinement 编辑器窗口

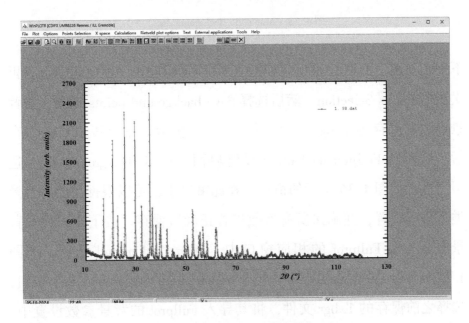

图 4.32　WinPLOTR 编辑器窗口

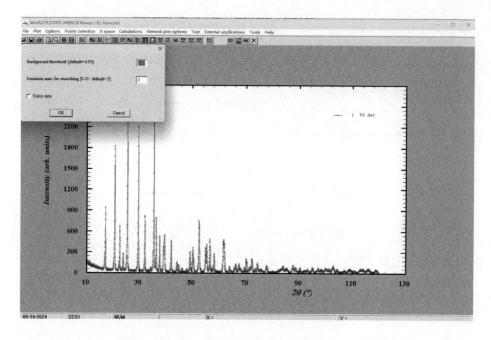

图 4.33 Automatic Background 窗口

下一个步骤。此时，将呈现如图 4.34 所示的窗口。在此窗口上，再次点击 Points Selection，然后选择 Save background points 选项，将背景点数据保存为 1.bgr 文件，如图 4.35 所示。完成背景点的保存后，返回到 Fullprof 的 Pattern 设置界面，点击 Background Type 选项，进入如图 4.36 所示的窗口。在此窗口中，可以根据需要对背景类型进行设置，并确保所有参数配置正确后保存。接下来，设置背景参数。在 Fullprof 的相应窗口中，点击 Background 选项，如图 4.37 所示。在弹出的窗口中点击 Import from Background File 按钮，选择之前保存的 1.bgr 文件，将其导入 Fullprof 的背景参数设置中，如图 4.38 所示。完成以上步骤后，背景参数设置便告一段落，可以继续进行后续的精修工作。通过这样一系列细致的操作，确保了背景参数的准确性和可靠性，为接下来的结构精修奠定了坚实的基础。

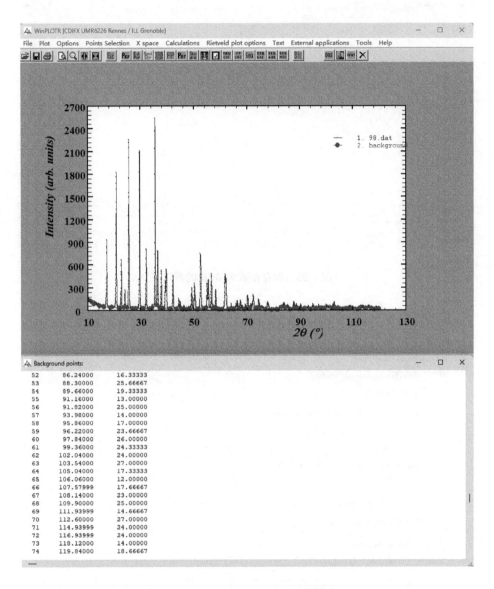

图 4.34　Automatic Background 结果窗口

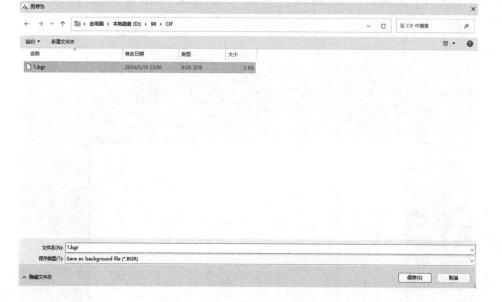

图 4.35 保存格式为 BGR 的窗口

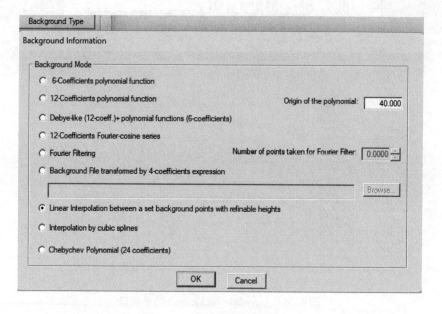

图 4.36 设置背景参数的窗口

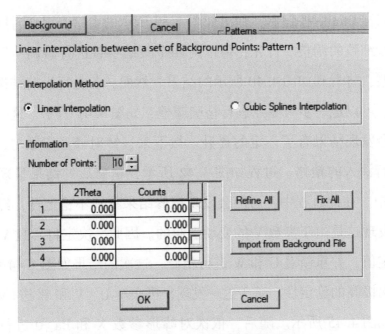

图 4.37 Background 设置背景参数的窗口

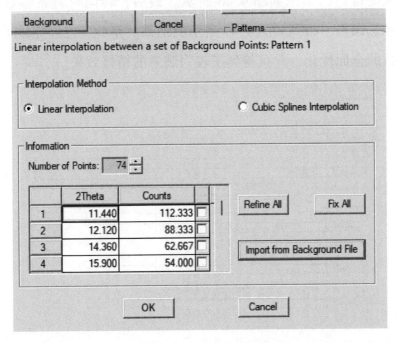

图 4.38 输入背景文件后的窗口

点击 Profile 按钮后，弹出如图 4.39 所示的窗口，以便对图形参数进行细致的调整。首先，可以对四个关键参数进行微调，经过这些调整，将看到如图 4.40 所示的结果。然而，若觉得当前结果并不理想，可以进一步对零点进行精确调整，如图 4.41 所示，这一步骤后，会发现结果有了一定的提升。接下来，针对峰形参数 U、V 和 W 进行深入的精修，过程如图 4.42 所示，精修后的结果呈现在图 4.43 中。在此过程中，可能会发现精修结果存在不稳定性，经过分析，发现这是由于参数 V 的变动引起的。因此，决定将参数 V 设置为固定值，并重新对 U 和 W 进行精修，这次的结果如图 4.44 所示，显示出极高的稳定性。基于这一发现，再次对 U、V 和 W 进行精修，过程如图 4.45 所示。随后，依次对峰形参数 X 和 Ba_0 进行了精修，最终得到的结果如图 4.46 所示。最后，转向对背景参数的精修，经过调整，得到如图 4.47 所示的结果。至此，已经完成了对图形参数的全面优化，并且得到了较为满意的精修效果。

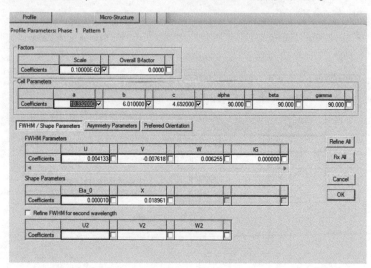

图 4.39　Profile 窗口

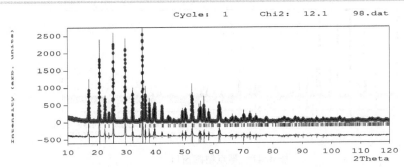

图4.40 首先精修窗口

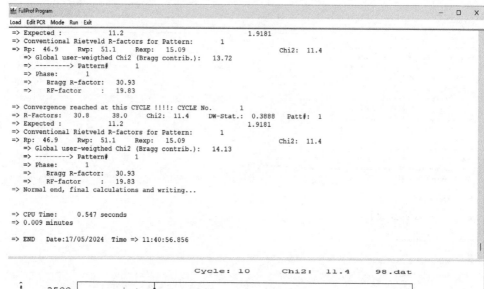

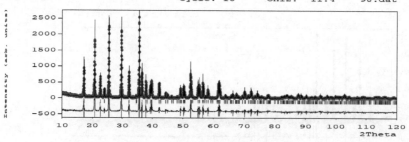

图 4.41　零点精修窗口

第 4 章 应　　用

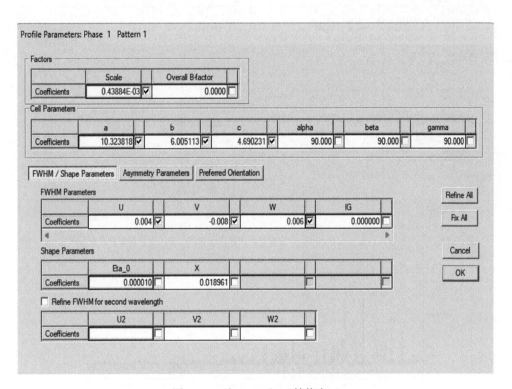

图 4.42　对 U、V 和 W 精修窗口

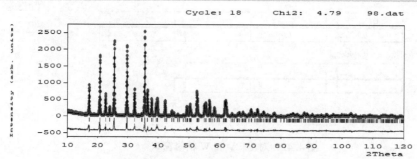

图 4.43　对 U、V 和 W 精修结果窗口

第4章 应　　用

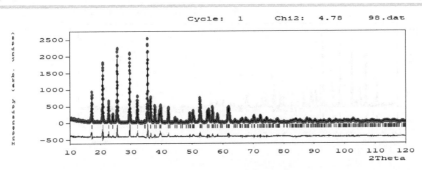

图 4.44　对 U 和 W 精修结果窗口

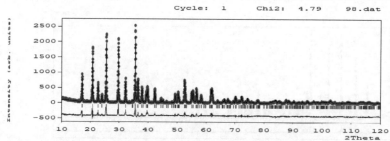

图 4.45 再次对 U、V 和 W 精修结果窗口

```
=> Expected :           11.2                       1.9200
=> Conventional Rietveld R-factors for Pattern:  1
=> Rp: 26.8   Rwp: 31.9   Rexp: 15.08              Chi2: 4.46
   => Global user-weigthed Chi2 (Bragg contrib.):  4.610
   => --------> Pattern#   1
=> Phase:    1
   =>    Bragg R-factor:   20.01
   =>    RF-factor     :   22.01

=> Convergence reached at this CYCLE !!!!: CYCLE No.    2
=> R-Factors:   17.6    23.7    Chi2: 4.46    DW-Stat.: 0.5405   Patt#: 1
=> Expected :           11.2                       1.9200
=> Conventional Rietveld R-factors for Pattern:  1
=> Rp: 26.8   Rwp: 31.9   Rexp: 15.08              Chi2: 4.46
   => Global user-weigthed Chi2 (Bragg contrib.):  4.759
   => --------> Pattern#   1
=> Phase:    1
   =>    Bragg R-factor:   20.01
   =>    RF-factor     :   22.01
=> Normal end, final calculations and writing...

=> CPU Time:    1.047 seconds
=> 0.017 minutes

=> END  Date:17/05/2024  Time => 11:57:57.189
```

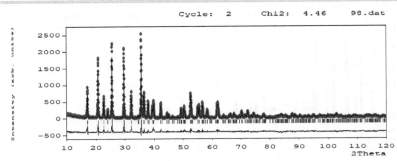

图 4.46　对 X 和 Ba_0 精修结果窗口

```
=> Expected :            11.2                    1.9473
=> Conventional Rietveld R-factors for Pattern:    1
=> Rp: 13.2    Rwp: 16.8    Rexp:  13.08                Chi2: 1.66
   => Global user-weigthed Chi2 (Bragg contrib.):   1.692
   => --------> Pattern#       1
   => Phase:  1
      =>    Bragg R-factor:   3.183
      =>    RF-factor     :   1.923

=> Convergence reached at this CYCLE !!!!: CYCLE No.    3
=> R-Factors:  10.6    14.4    Chi2: 1.66    DW-Stat.: 1.2750  Patt#:  1
=> Expected :            11.2                    1.9473
=> Conventional Rietveld R-factors for Pattern:    1
=> Rp: 13.2    Rwp: 16.8    Rexp:  13.08                Chi2: 1.66
   => Global user-weigthed Chi2 (Bragg contrib.):   1.786
   => --------> Pattern#       1
   => Phase:  1
      =>    Bragg R-factor:   3.183
      =>    RF-factor     :   1.923
=> Normal end, final calculations and writing...

=> CPU Time:     2.328 seconds
=>               0.039 minutes

=> END     Date:17/05/2024  Time => 12:01:57.519
```

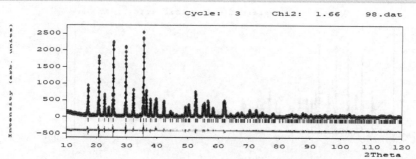

图 4.47 背景参数精修结果窗口

随后，进一步细化了结构参数。首先，对原子位置进行了精确调整，如图 4.48 所示，调整后的结果展示在图 4.49 中。紧接着，对 B 值（即温度因子）进行了优化。在此过程中，遵循原子量从大到小的顺序，先对原子量较大的原子如 Fe 和 P 进行精修，如图 4.50 和图 4.51 所示，从图中可以看出，精修后的残差变化并不显著。随后，对 O 原子进行精修，鉴于 O 原子的温度因子通常一致，设置了统一的温度因子值，即 981，并通过点击 Run editor 进行了调整，如图 4.52 所示。精修后，O 原子的位置温度因子如图 4.53 所示。随后，对 Li 原子的位置温度因子进行了精修，如图 4.54 和图 4.55 所示。经过检查，发现所有温度因子均处于合理范围内，这表明精修的结果是较为准确的。然而，在检查过程中，注意到低角度残差较大，因此决定对非对称因子进行修正。首先，对非对称因子 1 进行了修正，如图 4.56 所示，修正后的结果如图 4.57 所示，残差因子明显降低。接着，又对非对称因子 2 进行了修正，如图 4.58 所示，修正后的结果如图 4.59 所示，残差因子大幅减少。鉴于非对称因子 1 和 3，以及非对称因子 2 和 4 通常具有相似的性质，因此，认为对非对称因子 1 和 2 的修正已经足够。最后，对所有精修参数进行了检查，确认其合理性。Rp 值为 11.3，Rwp 值为 15.1，Chi2 值为 1.27，这些指标均表明精修过程已达到预期的效果。至此，精修工作顺利完成。

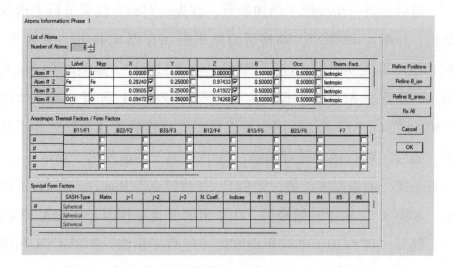

图 4.48　原子位置精修窗口

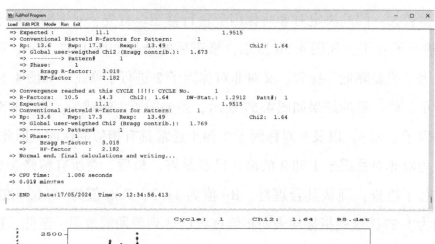

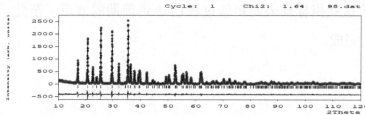

图 4.49　原子位置精修后窗口

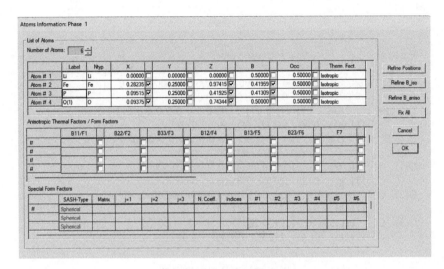

图 4.50　Fe 和 P 精修窗口 1

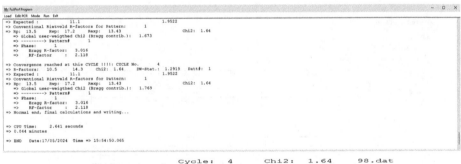

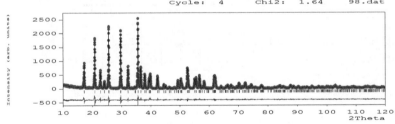

图 4.51　Fe 和 P 精修窗口 2

```
P n m a          <--Space group symbol
!Atom Typ    X       Y       Z      Biso    Occ     In Fin N_t Spc /Codes
Li    Li   0.00000 0.00000 0.00000 0.50000 0.50000  0   0   0
            0.00    0.00    0.00    0.00    0.00
Fe    Fe   0.28235 0.25000 0.97415 0.41959 0.50000  0   0   0
           111.00   0.00  121.00  961.00    0.00
P     P    0.09515 0.25000 0.41925 0.41309 0.50000  0   0   0
           131.00   0.00  141.00  971.00    0.00
O(1)  O    0.09375 0.25000 0.74344 0.50000 0.50000  0   0   0
           151.00   0.00  161.00  981.00    0.00
O(2)  O    0.45560 0.25000 0.21020 0.50000 0.50000  0   0   0
           171.00   0.00  181.00  981.00    0.00
O(3)  O    0.16508 0.04899 0.28359 0.50000 1.00000  0   0   0
           191.00 201.00  211.00  981.00    0.00
```

图4.52　O位置精修窗口

图4.53　O位置精修后窗口

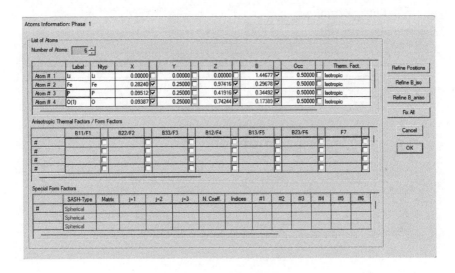

图 4.54 Li 位置精修窗口

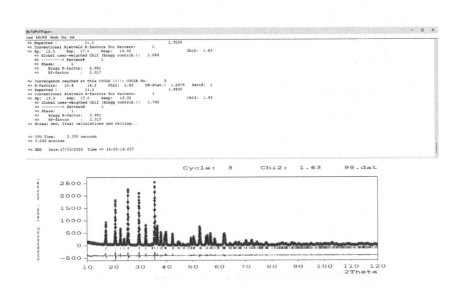

图 4.55 Li 位置精修后窗口

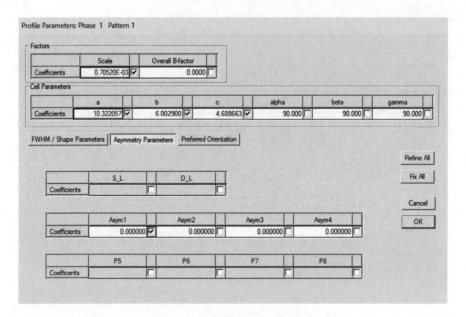

图 4.56 非对称性因子 1 精修窗口

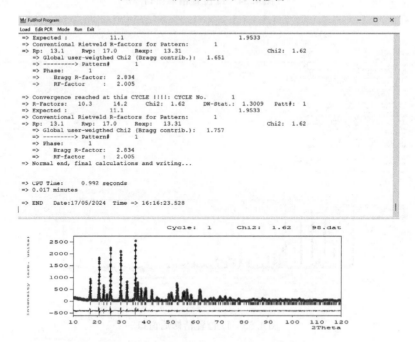

图 4.57 非对称性因子 1 精修后窗口

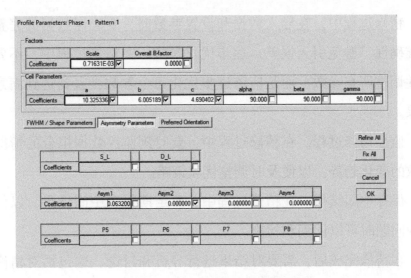

图 4.58 非对称性因子 2 精修窗口

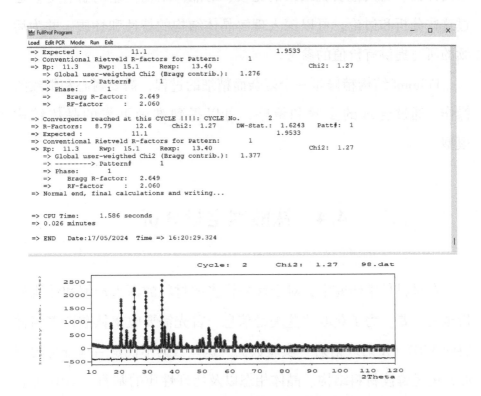

图 4.59 非对称性因子 2 精修后窗口

精修过程中，在导入数据和设置参数时，要确保数据的完整性和准确性，避免引入误差。逐步优化参数。在精修过程中，不要一次性调整所有参数，而是应该逐步优化每个参数，直到达到满意的结果。

监控精修过程。在精修过程中，要时刻监控数据拟合的情况和参数的变化趋势，以便及时调整优化策略。

保存中间结果。在精修过程中，要定期保存中间结果，以便在出现问题时可以回溯和检查。

在精修完成后，需要对结果进行分析和讨论。这包括对精修结果的评估、与其他实验结果的比较、对晶体结构模型的解释等。通过这些分析和讨论，可以深入理解晶体结构的特性和性质，并为后续的研究提供有价值的参考。

Fullprof 结构精修是一个复杂而精细的过程，需要耐心和细致的操作。通过合理的步骤和策略，可以得到准确可靠的晶体结构模型。

4.4　钛酸锂定量分析

在材料科学研究中，对于钛酸锂多相材料的深入理解和性能分析至关重要。为了获取这些关键信息，首先需要收集钛酸锂多相材料的 XRD（X 射线衍射）实验数据。这些数据不仅是后续分析的核心，更是解读材料结构、晶体相态以及物理性质的基石。XRD 实验数据通常包含丰富的信息，如衍射角度、衍射强度和衍射峰形状等。每一个数据点都蕴藏着关于材料微观结构的秘密。衍射角度揭示了材料内部晶格结构的周期性，衍射强度则反映了晶格中原子的排列方式和数量，而衍射峰的形状则为提供了关于晶格缺陷、晶体尺寸和相变等信息的线索。在收集数据的过程中，确保数据的准确性和完整性是至关重要的。任何微小的误差或遗漏都可能对后续的分析结果产生重大影响，从而影响对材料性能的准确判断。

然而，仅仅收集到数据还远远不够。为了进一步分析这些数据，需要将其转换为适合特定软件处理的数据格式。在这里，选择了 Fullprof 软件作为分析工具，但首先需要将日本理学的数据格式转换为 Fullprof 可以识别的数据格式。为了实现这一转换，采用了 Jade 软件作为桥梁。首先，使用 Jade 软件将衍射数据保存为主衍射图的形式。这一过程保留了数据的原始信息。接下来，打开保存的数据文件，在数据前面增加两行特定的信息。第一行用于标注文件名，这有助于在后续处理中识别和管理数据；第二行则标明数据的行数，如图 4.60 所示。完成上述步骤后，利用 PowderX 软件打开这个已经处理过的数据文件。通过 PowderX 软件的强大功能，可以对数据进行进一步的处理和分析，如平滑处理、背景扣除、峰位拟合等，以获取更准确的结果。如图 4.61 所示，通过这一过程，为后续的分析提供了可靠的保障。最后，把数据保存，在如图 4.62 所示的界面中，可以看到经过处理的数据保存为 Fullprof 软件识别的数据格式。

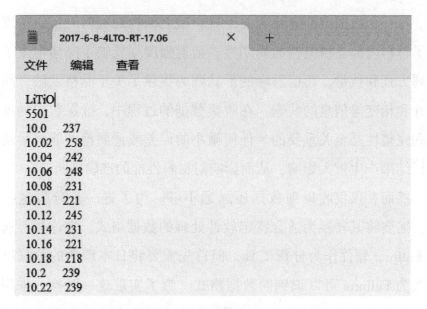

图 4.60　数据处理窗口

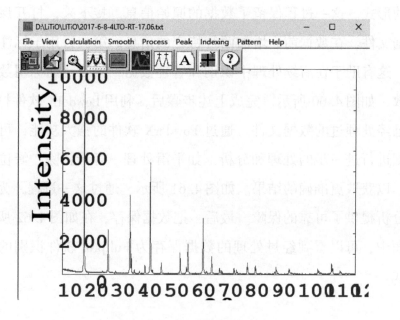

图 4.61　PowderX 软件打开文件

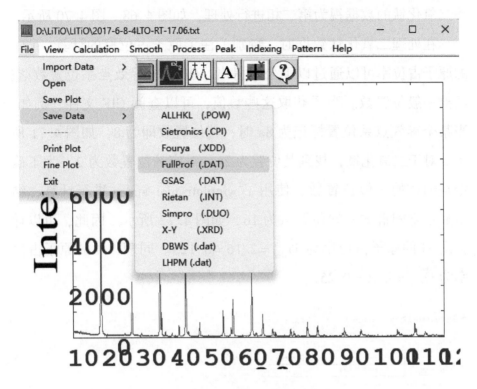

图 4.62 保存为 Fullprof 格式

在之前的讨论中，已经详细说明了如何将 CIF 格式转换为 PCR 格式。转换过程后第一步是对图 4.63 中的 Scale 参数进行精确调整，调整后的结果如图 4.64 所示。随后，尝试对晶胞参数进行精细优化，如图 4.65 所示，但优化过程遇到了困难，这表明预设的某些参数可能不合理。为了解决这个问题，对参数 U 和 W 进行了调整，将两者均设置为 0.1，并将 V 设置为 -0.1，同时，Ba_0 被设置为 0.5。调整之后，成功地进行了精修，如图 4.66 所示。接下来，按照图形参数和原子参数的顺序，对数据进行了逐一精修，最终的结果如图 4.67 所示。在此过程中，注意到体系中存在二氧化钛，因此将二氧化钛的数据视为第二相进行处理,如图 4.68~图 4.70 所示。

在处理二氧化钛数据时,特别关注了原子占位率的计算。TiO_2 的原子占位率可以通过以下公式得出:Occ = 该等效点系位置数/空间群一般位置数。为了获取这些数值,可以查阅 CIF 文件。例如,当某个等效点系位置标记为 8a 时,其位置数即为 8,如图 4.71 所示。对于二氧化钛,找到其位置为 2a,对应的位置数为 2。为了确定空间群的一般位置数,使用了 winplotr-tool-space 进行计算,结果显示空间群的一般位置数为 16,如图 4.72 所示。因此,可以计算出 Ti 的原子占位率为 $Ti_{Occ} = 2/16 = 0.125$。同理,O 的原子占位率为 $O_{Occ} = 4/16 = 0.25$。

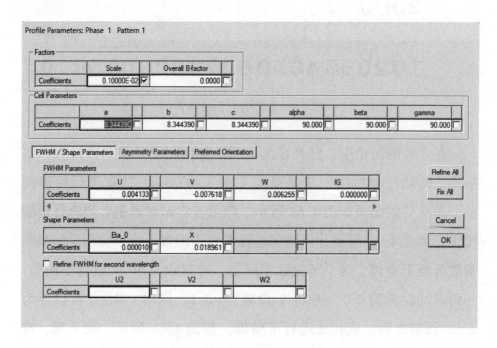

图 4.63　Scale 参数精修窗口

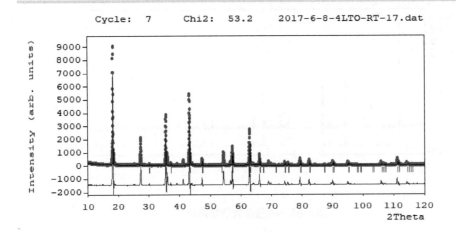

图 4.64　精修结果窗口

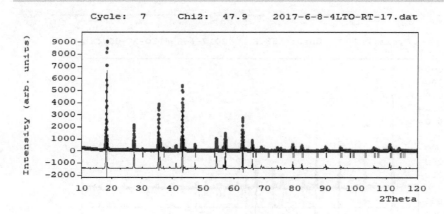

图 4.65　晶胞参数精修窗口

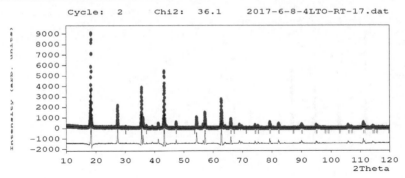

图 4.66 修改预设参数精修结果窗口

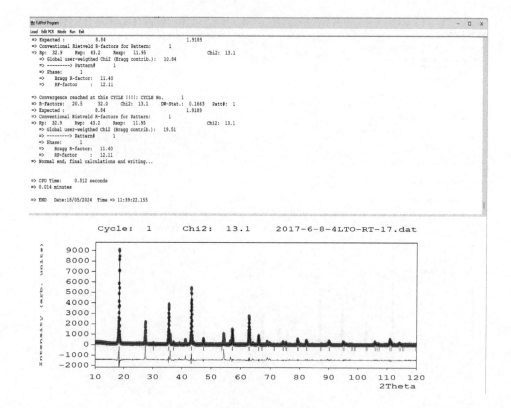

图 4.67　单相精修结果窗口

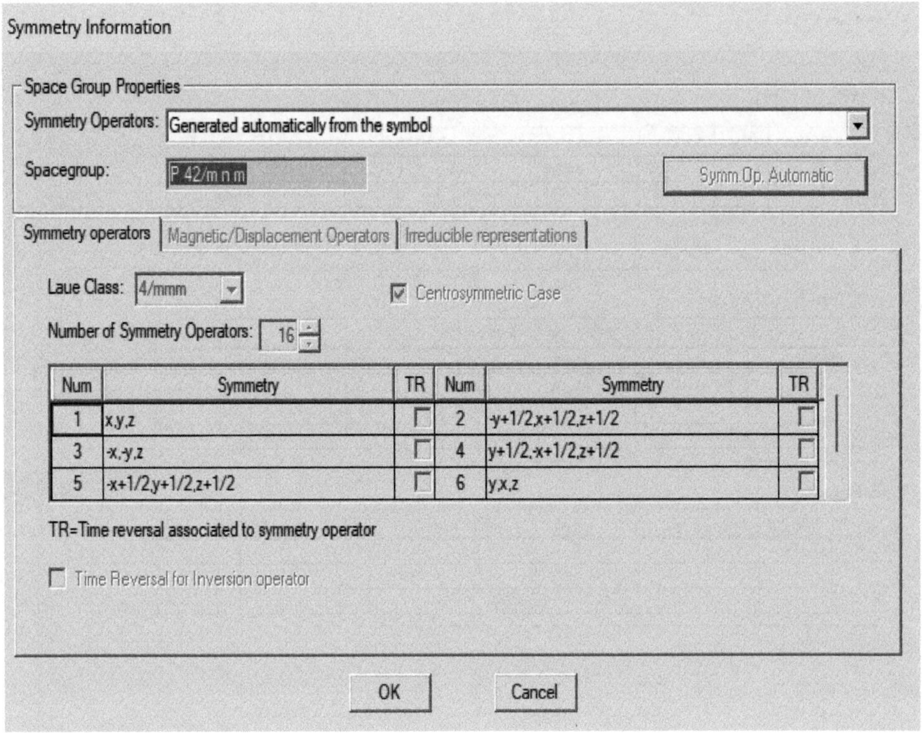

图 4.68 TiO_2窗口 1

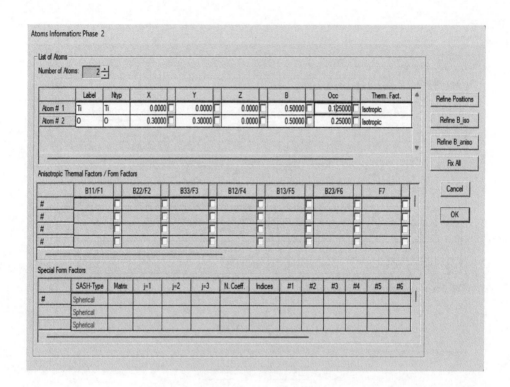

图 4.69　TiO_2 窗口 2

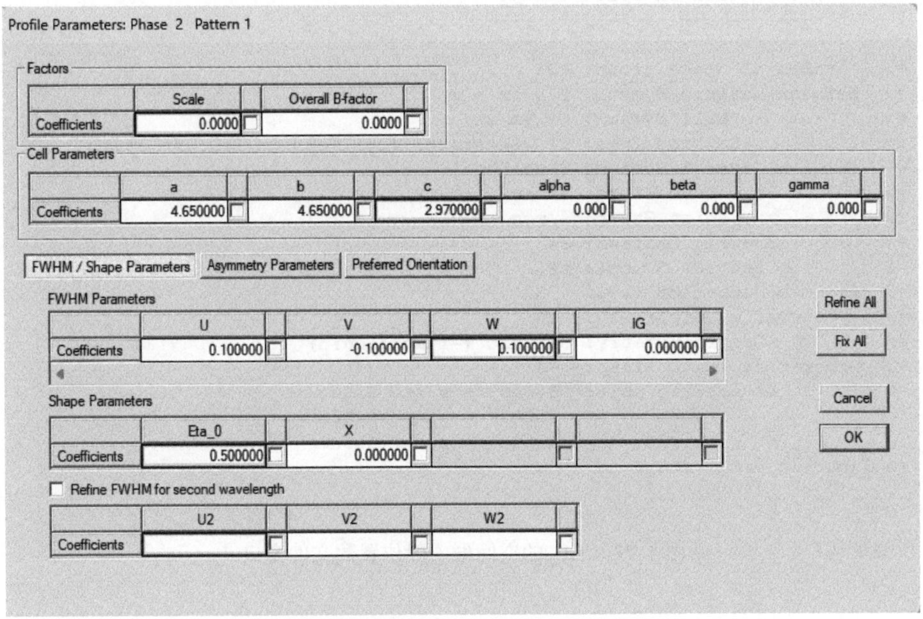

第4章 应 用

图 4.70 TiO₂ 窗口 3

```
O1 O0+ 4 f 0.310000 0.310000 0.000000 1.0 0 1.000000
Ti1 Ti0+ 2 a 0.000000 0.000000 0.000000 1.0 0 1.000000
```

图 4.71 TiO₂ 的 CIF 文件窗口

```
 Space group infos (sg.out):


        Information on Space Group:
        ---------------------------
=>      Number of Space group: 136
=>      Hermann-Mauguin Symbol: P 42/m n m
=>      Hall Symbol: -P 4n 2n
=>      Setting Type: IT (Generated from Hermann-Mauguin symbol)
=>      Crystal System: Tetragonal
=>      Laue Class: 4/mmm
=>      Point Group: 4/mmm
=>      Bravais Lattice: P
=>      Lattice Symbol: tP
=>      Reduced Number of S.O.: 8
=>      General multiplicity: 16
=>      Centrosymmetry: Centric (-1 at origin)
=>      Generators (exc. -1&L): 2
=>      Asymmetric unit: 0.000 <= x <= 0.500
                        0.000 <= y <= 0.500
                        0.000 <= z <= 0.500
=> Centring vectors: 0
```

图 4.72　TiO_2 的空间群一般位置数文件窗口

经过对第二相 TiO_2 晶胞参数的精细调整，其结果展示在图 4.73 中。随后，对 TiO_2 的峰形参数进行了同样的精细优化，优化后的结果如图 4.74 所示。接下来，设置了二氧化钛的原子位置，并展示了在图 4.75 中这一步骤的成果。紧接着，对这些参数进行了全面的精修，精修后的结果如图 4.76 所示。随后，又针对背景参数进行了细致的精修工作，图 4.77 展现了这一过程的最终成果。接着，对非对称性参数进行了调整和优化，图 4.78 和图 4.79 分别展示了这一过程中的关键步骤和最终效果。在完成了上述步骤后，进一步对钛酸锂相的温度因子进行了精修，图 4.80 直观地呈现了这一步骤的结果。最后，也没有忽视对二氧化钛温度因子的精修，其结果详见图 4.81。

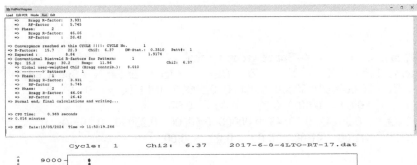
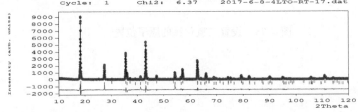

图 4.73 对 TiO_2 晶胞参数进行精修结果窗口

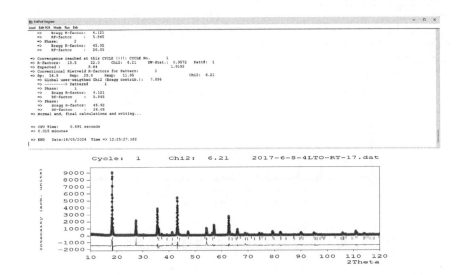

图 4.74 对 TiO_2 峰形参数进行精修结果窗口

```
P 42/m n m          <--Space group symbol
!Atom  Typ    X        Y        Z       Biso    Occ      In Fin N_t Spc /Codes
Ti     Ti   0.00000  0.00000  0.00000  0.50000  0.12500  0   0   0   0
            0.00     0.00     0.00     0.00     0.00
O      O    0.30143  0.30143  0.00000  0.50000  0.25000  0   0   0   0
            41.00    41.00    0.00     0.00     0.00
```

图 4.75　设置二氧化钛的原子位置

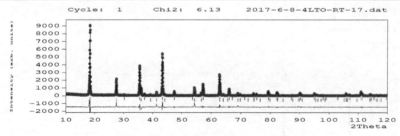

图 4.76　二氧化钛的原子位置精修结果窗口

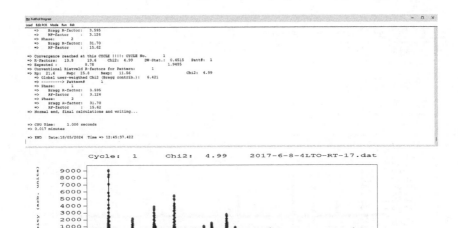

图 4.77 背景精修结果窗口

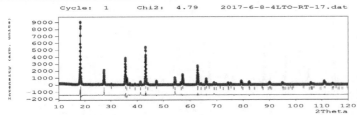

图 4.78 非对称性参数 1 精修结果窗口

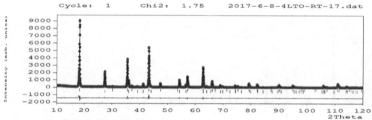

图4.79 非对称性参数2精修结果窗口

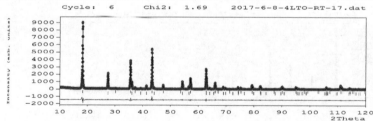

图4.80 钛酸锂温度因子精修结果窗口

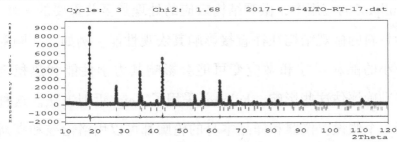

图 4.81　二氧化钛温度因子精修结果窗口

在进行多相材料分析时，需要特别注意各相之间的相互作用和影响。因此，在选择初始参数时，应充分考虑各相的特点和差异。在拟合计算过程中，应密切关注拟合结果的变化情况。如果拟合结果不理想，应及时调整参数或优化计算方法，以获得更准确的结果。在分析多相材料时，还需要考虑实验条件、样品制备等因素对实验结果的影响。因此，在进行分析之前，应对这些因素进行充分了解和考虑。

采用 Fullprof 对多相材料进行分析是一种有效且可靠的方法。通过收集实验数据、安装和使用、进行拟合计算和分析讨论等步骤，可以获得关于多相材料的晶格常数、晶胞体积、晶胞取向等关键参数的信息。这些信息对于理解多相材料的性质和应用具有重要意义。因此，在进行多相材料分析时，应充分利用 Fullprof 软件的强大功能，以获得更准确、可靠的分析结果。

4.5　纳米晶体分析

在 Fullprof 的应用中，微观结构效应的处理是至关重要的一环。这是因为材料的微观结构往往直接影响其宏观性能。例如，在陶瓷材料中，小的晶粒尺寸和微应变可能会影响其力学性能和热稳定性。为了准确评估这些影响，Fullprof 采用了 Voigt 近似方法。这种方法基于一个假设：仪器和样品本身的轮廓都可以用洛伦兹和高斯分量的卷积来近似描述。Voigt 近似方法结合了洛伦兹函数和高斯函数的特性，从而能够更准确地模拟实际衍射峰的形状。然而，由于 Voigt 函数本身是一个复杂的积分函数，直接计算其参数可能会相当困难。因此，Fullprof 采用了 TCH 伪 Voigt 轮廓函数来模拟精确的 Voigt 函数。这个函数不仅简化了计算过程，而且包含了 Finger 对轴向发散的处理，进一步提高了模拟的准确性。

在处理完衍射数据后，Fullprof 使用积分宽度方法来获取尺寸和应变的体积平均值。这一方法基于一个假设：衍射峰的宽度与晶粒尺寸和微应变呈反比关系。通过测量每个反射的峰宽，Fullprof 可以计算出对应的晶粒尺寸和微应变值，并将这些值记录在微观结构文件中。这个文件对于分析材料的微观结构特性至关重要，因为它提供了关于尺寸和应变对每个反射的贡献的详细信息。然而，值得注意的是，Fullprof 并不提供这些数据的物理解释。它仅仅是对由于结构缺陷导致的相干域大小和应变引起的线条展宽进行了现象学处理。这意味着用户需要具备一定的材料科学知识，才能正确解释Fullprof 输出的结果。为此，用户应该参考现有的广泛文献，特别是针对微观结构问题的研究。

本节将对纳米尺寸引起的衍射宽化进行说明，把磷酸铁纳米晶按照以前论述进行精修，仪器参数输入窗口如图 4.82 所示。在图 4.83 中输入晶胞参数，注意峰形参数都设置为零，查看 IRF（仪器响应函数）与实验衍射图之间的差异，结果如图 4.84 所示。

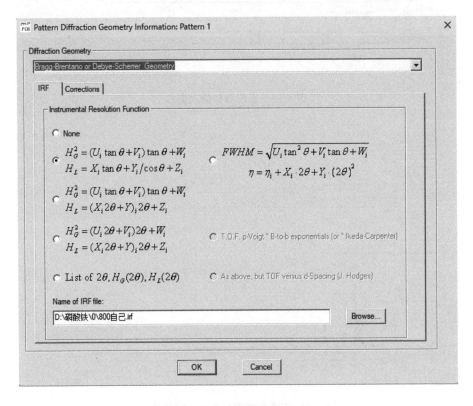

图 4.82　仪器参数输入窗口

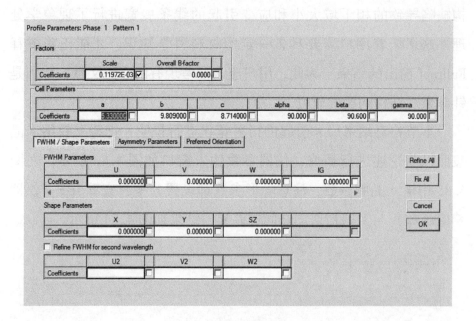

图 4.83　图形参数输入窗口

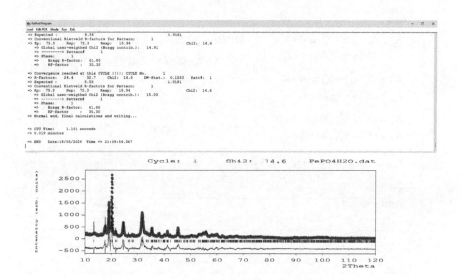

图 4.84　IRF 与实验衍射图之间的差异

使用仪器响应函数（IRF）对洛伦兹和高斯各向同性尺寸参数进行精修，以优化数据拟合，如图 4.85 所示，首先针对 IG（instrumental-Gaussian，仪器高斯）参数进行了精修，精修结果则如图 4.86 所示。随后，按照顺序对晶胞参数、原子参数以及背景参数进行逐一精修，以获得更准确的模型，这些精修步骤的结果在图 4.87 进行了展示。紧接着，采用洛伦兹各向异性尺寸参数（基于球谐函数的方法）对之前的精修结果进行进一步优化，如图 4.88 所示。这一系列精修步骤说明基于球谐函数的方法可以提高数据解析的准确性和可靠性。

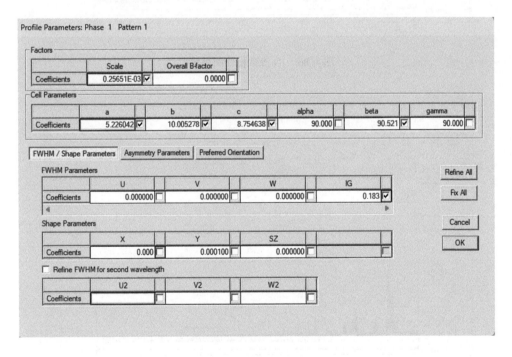

图 4.85　IG 参数控制窗口

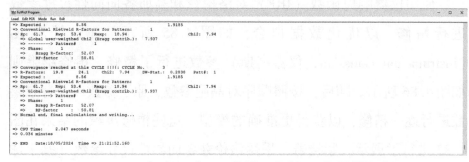

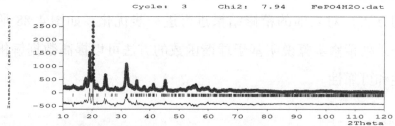

图 4.86　IG 参数精修结果窗口

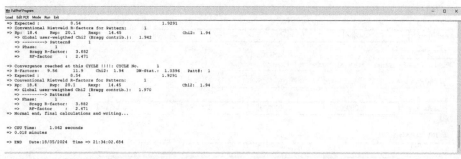

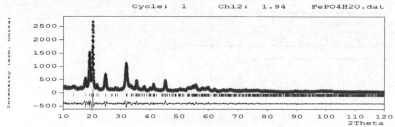

图 4.87　精修结果窗口

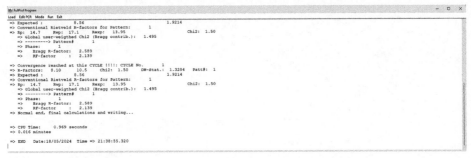
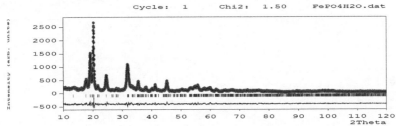

图 4.88　球谐函数精修结果窗口

第 5 章　发展趋势和挑战

5.1 发展趋势

　　Fullprof 软件在晶体分析领域的发展趋势呈现积极且多样化的态势。随着科学技术的不断进步和晶体分析需求的日益增长，它作为一款强大的晶体结构分析工具，其功能和性能也在不断提升。首先，它在算法优化方面将持续改进。通过引入更先进的数学方法和计算技术，它能够更精确地处理和分析 X 射线衍射数据，从而提供更准确的晶体结构信息。这将有助于推动材料科学、物理学和化学等领域的研究进展。其次，它将更加注重用户友好性和易用性。随着科研人员的不断增多和研究领域的不断扩展，对于晶体结构分析工具的需求也越来越多样化。因此，它将更加注重用户体验和易用性，通过提供更加简洁明了的操作界面和更加智能化的数据分析功能，降低用户的学习成本和使用难度。此外，它还将不断拓展其应用领域。除了传统的材料科学、物理学和化学领域外，它还将应用于生物科学、医学和环境科学等领域。例如，在生物科学领域，它可以用于分析蛋白质晶体结构，为药物设计和疾病治疗提供有力支持。

　　它在晶体分析领域的发展趋势将呈现出算法优化、用户友好性和应用领域拓展等多样化态势。未来，它将继续发挥其在晶体结构分析领域的重要作用。

5.2 未来可能面临的技术挑战和解决方案

Fullprof 作为一款在晶体分析领域广泛应用的软件,在未来可能会面临一系列技术挑战。随着科研数据的不断增长和复杂化,需要处理的数据量也在不断增加。这要求具备更高的数据处理能力和更快的计算速度。晶体结构分析需要高精度的算法支持,而现有的算法可能无法满足未来更复杂的分析需求。因此,它需要不断优化其算法,以提高分析的准确性和效率。随着用户需求的多样化,需要提供一个更加直观、易用的用户界面,以降低用户的学习成本和提高使用效率。

通过引入云计算、并行计算等高性能计算技术,提高数据处理能力和计算速度,以满足不断增长的数据处理需求。加强算法研究,引入新的算法和技术,优化现有算法,提高分析的准确性和效率。同时,与用户保持紧密沟通,了解用户需求,为用户提供定制化的解决方案。通过用户调研和反馈,了解用户的使用习惯和需求,优化用户界面设计,使其更加直观、易用。同时,提供详细的用户手册和在线帮助文档,帮助用户快速掌握软件的使用方法。

它在未来可能会面临一系列技术挑战,但通过引入高性能计算技术、持续进行算法研究和优化以及优化用户界面设计等措施,可以有效地应对这些挑战并保持其在晶体分析领域的领先地位。

5.3 应用前景

随着材料科学的迅猛发展，新型晶体材料的不断涌现将为Fullprof提供广阔的应用舞台。它凭借其强大的晶体结构分析能力，能够精确解析这些新型材料的晶体结构，为材料设计、合成和性能优化提供有力支持。它在生物科学领域的应用也将不断拓展。晶体结构分析在生物大分子研究中具有重要地位，它可以用于解析蛋白质、核酸等生物大分子的晶体结构，为药物设计、疾病诊断和治疗提供重要信息。随着生物技术的不断进步，它在该领域的应用将更加广泛。此外，随着环境科学研究的深入，它在环境材料分析方面的应用也将逐渐增多。例如，通过晶体结构分析可以了解环境材料中污染物的吸附和转化机制，为环境治理和污染控制提供科学依据。最后，随着人工智能和大数据技术的不断发展，它将有机会与这些先进技术相结合，实现更高效的数据处理和分析。这将进一步提高晶体结构分析能力，推动其在晶体分析领域的应用向更高层次发展。

Fullprof在晶体分析领域的应用前景广阔，未来将在材料科学、生物科学、环境科学等多个领域发挥重要作用。

参 考 文 献

Balachandran D, Morgan D, Ceder G. 2003. J. Solid State Chem., 173: 462.

Bolzan A, Fong C, Kennedy B. 1993. Aust. J. Chem., 46: 939.

Boulineau A, Croguennec L, Delmas C. 2009. Chem. Mater., 21: 4216.

de Keijser Th H, Mittemeijer E J, Rozendaal H C F. 1983. J. Appl. Cryst., 16: 309.

Finger L W. 1998. J. Appl. Cryst., 31: 111.

Jorgensen J D, Dabrowski B, Shiyou Pei. 1989. Phys. Rev. B, 40: 2187.

Rietveld H M. 1969. J. Appl. Cryst., 2: 65.

Rougier A, Gravereau P, Delmas C. 1996. J. Electrochem. Soc., 143: 1168.

Thompson. 1987. Cox and Hastings. J. Appl. Cryst., 20: 79.

Willis B T M, Pryor A W. 1975. Thermal Vibration in Crystallography. Cambridge University Press.